Nditange Shigwedha

Kinetyka o fotokatalitycznej degradacji ścieków tekstylnych

Nditange Shigwedha

Kinetyka o fotokatalitycznej degradacji ścieków tekstylnych

Ścieków tekstylnych

Wydawnictwo Bezkresy Wiedzy

Cover image: www.ingimage.com

This book is a translation from the original published under ISBN 978-620-2-31756-6.

Publisher:
Wydawnictwo Bezkresy Wiedzy
is a trademark of
Dodo Books Indian Ocean Ltd., member of the OmniScriptum S.R.L Publishing group
str. A.Russo 15, of. 61, Chisinau-2068, Republic of Moldova Europe
Printed at: see last page
ISBN: 978-620-0-54269-4

Drogi czytelniku,

książka, którą posiadasz, została pierwotnie wydana pod tytułem "Kinetics about the Photocatalytic Degradation of Textile Wastewater", ISBN 978-620-2-31756-6.

Jego publikacja w języku polskim jest możliwa dzięki zastosowaniu najbardziej zaawansowanej sztucznej inteligencji dla języków.

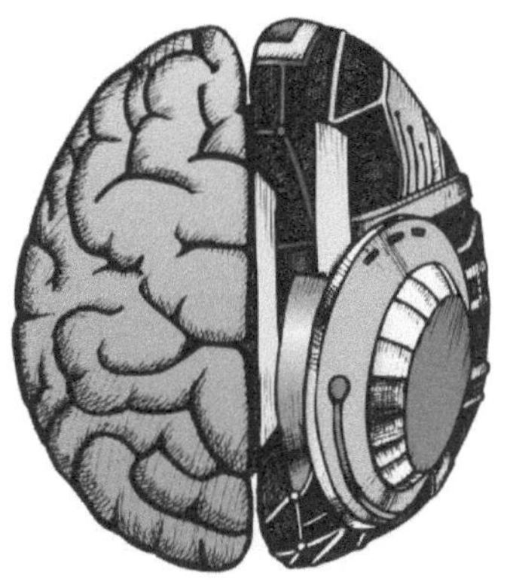

Technologia ta, uhonorowana pierwszą w historii Honorową Nagrodą Sztucznej Inteligencji w Berlinie we wrześniu 2019 r., naśladuje sposób działania ludzkiego mózgu, dzięki czemu jest w stanie uchwycić i przetłumaczyć nawet najmniejsze niuanse w bezprecedensowy sposób.

Mamy nadzieję, że znajdą Państwo wiele satysfakcji z tej książki i uprzejmie prosimy o uwzględnienie wszelkich rozbieżności językowych, które mogłyby wyniknąć z tego procesu.

Miłego czytania!

Wydawnictwo Bezkresy Wiedzy

PROJEKTOWANA KINETYKA FOTOKATALITYCZNEJ DEGRADACJI ŚCIEKÓW TEKSTYLNYCH

Nditange Shigwedha

Spis treści

ABSTRACT

System fotodegradacji UV-H2O2FS-TiO2 ścieków zawierających barwniki został opracowany przy użyciu unieruchomionych TiO2 i H2O2-od momentu uruchomienia (H2O2FS). Podczas procesu fotokatalizy w tym układzie, różne barwniki tekstylne i inne rekalcytancyjne związki organiczne odpowiednio odbarwiają się i mineralizują w krótkim czasie reakcji. System pozwala na całkowite odbarwienie i całkowitą mineralizację Żółcieni Kwasowej 36 w czasie reakcji 75 min. Powoduje to szybsze odbarwianie w stałym tempie. Proces UV-H2O2FS-TiO2 wykazuje również bardzo wysoki stopień usuwania TOC na poziomie 90% wraz z redukcją ChZT na poziomie 90%, co stanowi imponujący wynik, który stanowi alternatywną, nową metodę oczyszczania dużej ilości ścieków tekstylnych. Tworzy on i rozkłada ekstra-H2O2 równolegle z fotodegradacją ścieków zawierających barwnik. Co więcej, system ten nie pozwala na regulację pH ani na wpływ temperatury na wydajność w zakresie tych parametrów. Unieruchomienie TiO2 w cienkiej warstwie sprawia, że pomiary są proste, a ilość toksyn przetworzona nieszkodliwie.

Kinetyka była bardziej krytyczna w tej tezie. CPT, czas ekspozycji na promieniowanie UV wymagany do spowodowania 90% oscylacji pomiędzy wiązaniami podwójnymi i pojedynczymi wzdłuż łańcucha molekularnego barwników, które mają być utlenione, został pobrany i wykorzystany jako miara aktywności fotokatalitycznej. Nazywa się to Krytyczny Czas Fotoniczny lub CPT. Ten środek kinetyczny, CPT, został podyktowany rozważaniami na temat kinetyki par otworów elektronowych. W rezultacie CPT dokładnie określiły ilościowo podatność aromatu na degradację fotokatalityczną w obecności H2O2FS wynikającą ze stosowania znacznie szerszego zakresu częstotliwości UV (zakres: 150-400 nm). Ponadto, CPT przewidują czasową obserwację pierwotnego procesu fotokatalitycznego zachodzącego podczas całkowitego odbarwiania poszczególnych barwników; przewidują oporność barwników tekstylnych; pozwalają na ocenę efektywności fotonów (PEhv) i niedoboru fotonów (PDhv) w kombinacji barwników i lamp UV; a także przewidują kolejność fotokatalitycznej degradacji barwników w mieszankach o różnych stężeniach. Stwierdzono, że kolejność rozkładu fotokatalitycznego wynika zarówno ze specyfiki, jak i selektywności rodników HO, niezależnie od stężenia barwnika i alkoholu poliwinylowego (PVA) w ściekach rzeczywistych. W rzeczywistych ściekach syntetycznych wpływ tych wysoce reaktywnych gatunków prowadzi do następującego porządku degradacji: Acid Orange 52 < Acid Yellow 36 < Acid Red 17 < Acid Blue 45 < PVA. Ostatecznie, całkowity węgiel organiczny (TOC) jako środek kinetyczny został wykorzystany do zbadania połączonego wpływu parametrów fotokatalitycznych, a mianowicie dyfuzji błony.

opór, czas retencji reaktora, a także sprawność konwersji na unieruchomionym fotokatalizatorze. Na podstawie dwóch regulacyjnych objętościowych strumieni przepływu 0,6 i 1,2 L/min obliczone sprawności konwersji w czasie retencji 420 min wynosiły odpowiednio 71 i 83%. Stwierdzono również, że funkcja przetrwania TOC przez cały okres retencji jest zgodna z funkcją przetrwania Cox Proportional Hazards Model (CPHM).

摘要

光降解体系 UV-H2O2FS-TiO2 利用固定的 TiO2 和 H2O2 来降解排出废水中的染料已经发展起来。在体系的光催化过程中，各种各样的纺织染料和其它有害的有机化合物在短时间内分别脱色和矿化。当反应 75 min 时，体系使 Acid Yellow 36 全部脱色和完全矿化。在恒定流速下，此过程会使脱色加速。UV-H2O2FS-TiO2 过程同样显示：TOC 的去除率相当高，为 90%；COD 也同时减少了 90%，结果表明所选择的新方法可以处理大量的纺织废水。在降解排出废水中染料的同时，形成并分解了额外的 H2O2。此外，pH 或温度这些试验参数在其范围内的调节对结果没有影响。薄膜中 TiO2 的固定使测量简单化而且使毒素变得无害。

在本论文中，动力学的研究则更为重要。CPT，是指引起沿着被氧化的染料分子链的单双键之间 90%的振动所需要的紫外曝光时间，是衡量光催化活动的尺度，称为"关键光子时间"或"CPT"。CPT 动力学测量就是考虑电子空穴对的动力学。因此，在较广的紫外波长范围内(150-400 nm)，在 H2O2 存在的情况下，CPTs 可以精确的确定光催化降解色度的敏感性。此外，在染料的整个脱色期间，CPTs 可以预测发生光催化初级反应时的分解时间和纺织染料抗降解的能力，可以计算出 PEhv 和 PDhv，也可以预测各种不同浓度的染料混合物的光催化降解顺序。因此，无论废水中的染料和聚乙烯醇(PVA) 的浓度如何，降解的顺序是由于 HO-集团的特异性和选择性所决定。在实际合成的废水中，得出以下的降解顺序：Acid Pomarańczowy 52 < Kwaśny Żółty 36 < Kwaśny Czerwony 17 < Kwaśny Niebieski 45 < PVA 。

最后，以总有机碳(TOC)作为动力学测量的尺度，用于研究各种光催化参数的共同作用，即膜扩散阻力、反应物的保留时间以及固定的光催化剂的转换效率。将体积流速控制在 0.6 和 1.2 L/min，当保留时间为 420 min 时，转换效率分别为 71%和 83%。同样得出结论：在整个保留时间内，TOC 与 CPHM 的剩余函数非常一致。

Skróty użyte w całej tej pracy:

[V (vs NHE)]	jednoelektronowy potencjał redox
∫Abs.	absorbancja integracji
A	wartość absorbancji
a.u.	zespół absorpcji
Zaawansowany	proces utleniania AOPadvanced
AOX	adsorbowalne chlorowce organiczne
AY-36	Kwaśny Żółty 36
cm-1	wavenumber
ChZT chemiczne	zapotrzebowanie na tlen
CPHMCox	model proporcjonalnych zagrożeń
CPT	krytyczny czas fotoniczny
E0	potencjał utleniania (V)
Ebg	energia bandgap
H2O2FS	Nadtlenek wodoru od początku
HO-	rodniki hydroksylowe
nm	nanometr
O3	ozon
PDhv	niedobór fotonów
PEhv	sprawność fotonów
PVA	polialkohol winylowy
Całkowity	węgiel nieorganiczny
TiO2	dwutlenek tytanu
TNb	całkowity związany azot
TOC	Całkowity węgiel organiczny
UV	światło ultrafioletowe
W	Waty
x	objętościowe natężenie przepływu
λ	długość fali

1

OGÓLNE WPROWADZENIE

1.1 Charakter ścieków z materiałów włókienniczych

Aby zrozumieć problemy związane ze ściekami, z którymi boryka się przemysł włókienniczy, należy zapoznać się z procesami, które powodują powstawanie ścieków. Rysunek 1-1 jest schematycznym przedstawieniem głównych etapów przetwarzania włókien naturalnych i syntetycznych (Barnes *i in.*, 1992), przy czym odpady płynne oznaczają te procesy, które powodują powstanie ścieków wymagających oczyszczenia. Przemysł przetwórstwa włókienniczego wytwarza duże ilości ścieków o różnym składzie w zależności od zastosowanych procesów mokrych (zlecenie Oslo i Paryż, 1995).

Ponieważ ścieki powstające w procesie mokrej obróbki odpowiednich tkanin są głównym tematem tego projektu, najważniejsze procesy zostały opisane bardziej szczegółowo poniżej:

(1) **Desygnowanie.** Proces ten jest często pierwszym mokrym etapem w przetwarzaniu bawełny. Wiąże się to z usunięciem rozmiaru z tkaniny bawełnianej (przy użyciu enzymów, kwasów lub zasad) w celu zapewnienia prawidłowego funkcjonowania kolejnych chemicznych procesów wykończeniowych. Początkowo nici bawełniane były powlekane w celu zapobieżenia pęknięciom i nadania gładkiego wykończenia podczas tkania. Rozmiary to związki organiczne, takie jak skrobia lub pochodne skrobi, pochodne celulozy, poliakrylany i alkohol poliwinylowy (PVA). W związku z tym ścieki odsączające mają na ogół wysoki ładunek organiczny i charakteryzują się wysokimi wartościami chemicznego zapotrzebowania na tlen (ChZT). W zakładach południowoafrykańskich udział ścieków z odsączania w ChZT wynosi 55% w przypadku przetwarzania na mokro, a udział w całkowitym ładunku ChZT zakładu będzie wynosił od 15% do 40%, w zależności od procesów włókienniczych stosowanych w tym zakładzie (Bossmann *i in.* , 2001).

Niekontrolowane uwalnianie PVA i związanych z nim polimerów z zakładów przemysłowych do środowiska powoduje problemy ekologiczne (Dignac *i in.*, 2000). Chociaż PVAL sam w sobie nie jest toksyczny, jest stabilny chemicznie, a jego roztwór jest zbyt lepki, co powoduje znaczące zmiany w ekosystemie, zwłaszcza w zakresie właściwości fizykochemicznych systemów odbiorczych. PVA ma bardzo wysoką charakterystykę spieniania, pogarszającą prezentację wody, zmniejszającą ilość tlenu rozpuszczonego w wodzie i obniżającą szybkość reakcji redoks w ściekach.

(2) **Szorowanie.** Po wysuszeniu wszelkie pozostałe zanieczyszczenia naturalne (tj. składniki organiczne inne niż celuloza) są oczyszczane z bawełny w procesie długotrwałego wrzenia w roztworach alkalicznych, albo w zamkniętych naczyniach zwanych kierami (Trotman, 1968), albo w naczyniach reakcji ciągłej. Dlatego też ścieki z czyszczenia charakteryzują się wysokimi wartościami ChZT i pH oraz solidną żółto-brązową barwą.

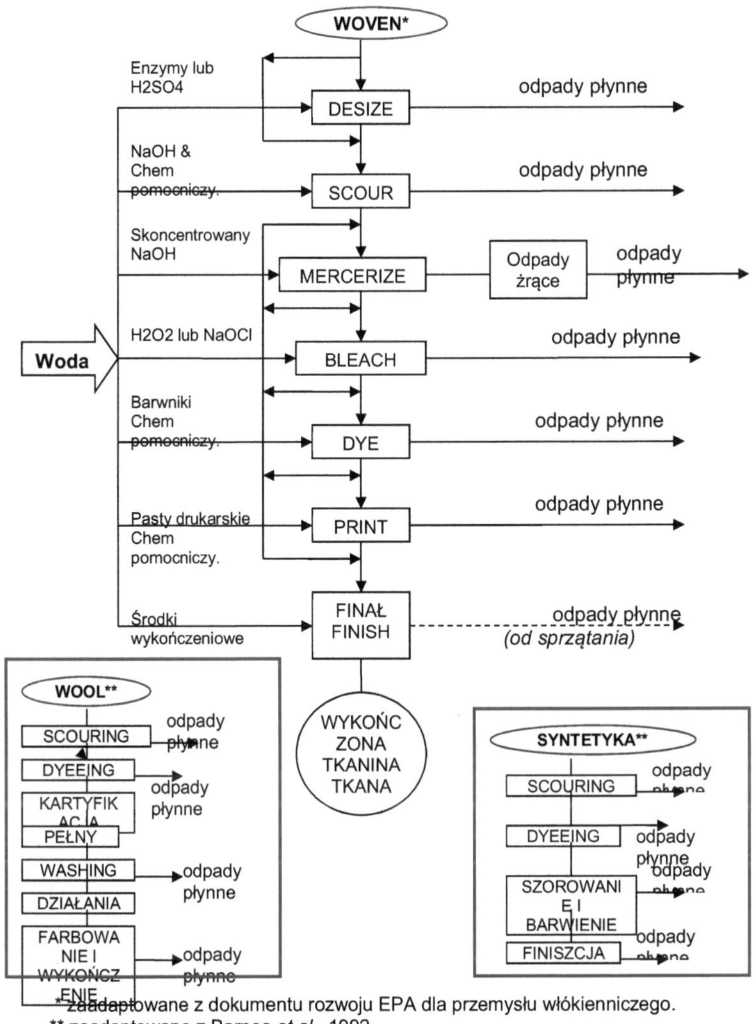

Rysunek 1-1: Schematy przepływu typowych procesów wykończeniowych tkanin i ich płynów odpady wymagające obróbki

(3) **Merkeryzacja.** Merkeryzacja jest obróbką włókien celulozowych stężonym roztworem wodorotlenku sodu, który pęcznieje włókna i zwiększa wytrzymałość oraz powinowactwo barwnikowe tkanin. Ścieki mergerujące charakteryzują się wysokimi wartościami pH.

(4) **Wybielanie. Stosuje się** ją w celu poprawy bieli tkaniny i można ją uzyskać za pomocą środków utleniających lub redukujących. Wybielanie tekstyliów odbywa się obecnie przy użyciu H2O2 lub chlorynu. Istnieje tendencja do ograniczania stosowania chlorynu, ponieważ powstają rakotwórcze adsorbowalne organiczne chlorowce (AOX) (komisja w Oslo i Paryżu, 1995). Ścieki wybielające zwykle nie zawierają wysokich stężeń substancji organicznych; jednak w przypadku stosowania podchlorynu jako środka wybielającego obecność chlorowców w ściekach wymaga pewnej formy leczenia.

(5) **Barwienie.** Barwniki stosowane do barwienia bawełny są barwnikami bezpośrednimi, reagującymi na włókna, siarkowymi i do kadzi. Barwniki reagujące z włóknami szybko zastępują barwniki bezpośrednie (Burkinshaw, 1990) i są zazwyczaj głównymi barwnikami używanymi do barwienia bawełny. Różne klasy barwników wymagają specjalnych procedur barwienia. Wspólnym czynnikiem jest jednak to, że do wszystkich form barwienia wymagana jest woda, zarówno jako rozpuszczalnik, jak i czynnik transportujący, a zatem ścieki powstają w wyniku wszystkich procesów barwienia. Objętość i właściwości ścieków są określane na podstawie rodzaju procesu barwienia oraz klasy zastosowanego barwnika.

Barwniki są odpowiedzialne za barwienie ścieków, które poza tym, że są nieestetyczne, mogą ograniczać transmisję światła do życia wodnego. Stopień utrwalenia barwnika na włóknie różni się w zależności od rodzaju włókna, które ma być barwione, odcienia barwnika oraz parametrów barwienia. Dlatego współczynniki utrwalenia różnych barwników mogą być podane jedynie jako wytyczne (tabela 1-1). Barwniki, a w szczególności barwniki reaktywne, mogą mieć słaby stopień utrwalenia i dlatego mogą być trudne do usunięcia ze ścieków ze względu na ich niską biodegradowalność i niski poziom absorpcji na osad czynny. W procesach barwienia używa się różnych rodzajów soli do różnych celów. Wyczerpujące, reaktywne barwienie bawełny wymaga na przykład dużych ilości soli, znacznie większych niż te potrzebne w innych procesach barwienia (na przykład w przypadku barwników bezpośrednich), a producenci barwników próbowali rozwiązać ten problem (tabela 1-2). Sole nie są usuwane w konwencjonalnych procesach oczyszczania ścieków i dlatego są ostatecznie odprowadzane do ścieków końcowych. W regionach suchych lub półsuchych ich stosowanie na dużą skalę przez farbiarnie może prowadzić do stężenia soli w wodach gruntowych powyżej granicy toksyczności, co zwiększa zasolenie wód gruntowych i zwiększa presję osmotyczną gatunków ssaków i wodnych. Ważne jest również, aby zwrócić uwagę na

toksyczność elektrolitów dla życia wodnego i wzrost bakterii w miejskich lub przemysłowych oczyszczalniach ścieków, ponieważ zwiększają one ciśnienie osmotyczne wewnątrz komórek organicznych.

(6) **Wykończenie. Odnosi się** to do wszelkich procesów stosowanych w celu poprawy jakości tkaniny po barwieniu.

Tabela 1-1: Procentowy udział nieutwardzonego barwnika, który może być odprowadzany do ścieków w funkcji klas barwnikowych (Hessel *i in.*, 2006)

Barwniki	EPA	OECD	Hiszpania
Barwniki kwasowe	10–20	7–20	5–15
Barwniki podstawowe	1	2–3	0–2
Barwniki bezpośrednie	30	5–20	5–20
Barwniki rozproszone	5–25	8–20	0–10
Barwniki azowe	25	5–10	10–25
Barwniki reaktywne	50–60	20–50	10–35
Kompleksy metalowe	10	2–5	5–15
Barwniki chromowe	–	–	5–10
Barwniki kadziowe	25	5–20	5–30
Barwniki siarkowe	25	30–40	15–40

EPA: Amerykańska Agencja Ochrony Środowiska
OECD: Organizacja Współpracy Gospodarczej i Rozwoju

Tabela 1-2: Ilość soli mineralnej zużytej przy spalaniu bawełny z barwnikami reaktywnymi lub bezpośrednimi (Hessel *i in.*, 2006)

Cień	Barwnik (%)	Sole (g L-1)	
		A	B
Pasta/światło	<1.5	2.5–7.5	30–60
Medium	1.0–2.5	7.5–12.5	70–80
Ciemny	>2.5	12.5–20	80–100

A: ilość soli nałożonej za pomocą bezpośrednich barwników (g L-1)
B: ilość soli nałożonej za pomocą barwników reaktywnych (g L-1)

1.2 Prawodawstwo i normy dotyczące odprowadzania ścieków tekstylnych

Wiele krajów federalnych, takich jak Stany Zjednoczone (http://www.access.gpo.gov/cgibin/cfrasse mble.cgi?title=200240), Kanada (http://www.menv.gouv.qc.ca/indexA.htm), oraz Australia (http://www.epa.vic.gov.au/Water/EPA/#Other) posiadają krajowe ustawodawstwo w zakresie ochrony środowiska, które, podobnie jak w Europie, ustanawia wartości dopuszczalne do przestrzegania. Wiele krajów, jak Tajlandia...skopiowali amerykański system. Inni skopiowali europejski model, jak Turcja lub Maroko. W niektórych krajach, na przykład, Indie, Pakistani Malezja (www.ostcwas.org/environment/ water.html#3.2.1), wartości graniczne emisji są zalecane, a nie obowiązkowe.

Republika Federalna Niemiec (RFN), która posiada jedne z najbardziej rygorystycznych przepisów dotyczących ścieków na świecie, szereguje pod względem ważności następujące właściwości/składniki ścieków tekstylnych (Carliell, 1993):

(1) ubarwienie ścieku;

(2) toksyczność ścieków;

(3) całkowita zawartość węgla organicznego (TOC) w ściekach;

(4) adsorbowalne organiczne halogeny w ściekach;

(5) metale w ściekach;

(6) zawartość soli w ściekach.

Doprowadziło to do tego, że następujące ścieki tekstylne nie mogą być odprowadzane do oczyszczalni bez wstępnego oczyszczenia:

(1) nie ma nieprzetworzonej wody do mycia z druku;

(2) brak nadmiaru wyściółki barwiącej i likierów wykończeniowych;

(3) brak syntetycznych rozmiarów o biodegradowalności mniejszej niż 80 %;

(4) bez chromu, arsenu i rtęci.

Chociaż ustawodawstwo niektórych krajów nie jest tak rygorystyczne, jak to cytowane w przypadku FRG, w Republice Namibii priorytetowo traktuje się właściwości ścieków tekstylnych (komunikat osobisty, T. Slingler (2004), Gammams Water Care Works):

(1) ubarwienie ścieku;

(2) toksyczność;

(3) soli, co zmniejsza priorytet dla krajowych zakładów włókienniczych.

W związku z tym można zauważyć, że koloryzacja ścieków ma priorytetowy status zarówno w Europie, jak i w innych krajach. Namibia. Prawodawstwo w Republika Południowej Afryki stwierdza również, że odprowadzane ścieki muszą spełniać ogólny wzorzec zerowego zabarwienia (Carliell, 1993); w praktyce jednak pomiar zabarwienia jest skomplikowany z powodu nieodpowiednich metod analitycznych, jak również z powodu naturalnego zabarwienia i zawiesin w odbieranych zbiornikach wodnych. W niektórych krajach, takich jak Francja, Austriai Włochyistnieją wartości graniczne dla barwienia ścieków. Jednakże kraje te stosują różne jednostki, co uniemożliwia porównanie (Hessel *i in.*, 2006). Tradycyjne metody analityczne do pomiaru barwy wody są kalibrowane według wzorca żółto-brązowego (jednostki Hazena), który jest zadowalający do pomiaru naturalnej barwy wody z powodu rozpuszczonych kwasów organicznych, ale nie ma związku ze spektrum barw związanych z barwieniem. Na stronie FrancjaAktualna jednostka to mg L-1 jednostek Pt-Co. Na stronie Francja Ponownie, próbka zabarwionego wycieku jest rozcieńczana o współczynnik 30; jeżeli po rozcieńczeniu nie ma widocznego zabarwienia, ściek uznaje się za zgodny z normą. Metoda opracowana przez Amerykański Instytut Producentów Barwników (ADMI) ma tę zaletę, że jest niezależna od odcienia i dlatego może być powiązana z barwą nadawaną przez barwniki tekstylne. Jednak pomiary te są nadal skomplikowane z powodu zakłócających ciał stałych (które muszą być usuwane przez filtrację) i nierozpuszczalnych ciał stałych, które przyczyniają się do ogólnego postrzegania barwy wody, ale które są usuwane przez filtrację (Barnes *et al.* , 1992). Ponadto, gdy kolor jest niepożądany ze względów estetycznych, trudne jest skorelowanie analitycznych pomiarów koloru z postrzeganiem koloru przez ludzkie oko.

Wydaje się, że tylko kilka krajów posiada obecnie obowiązujące wartości graniczne dotyczące barwy ścieków odprowadzanych do oczyszczalni, podczas gdy inne kraje w ogóle nie biorą pod uwagę tego parametru. W związku z tym w praktyce wzorce barwy zerowej mogą być modyfikowane w taki sposób, że wpływ kolorowego ścieku na odbiornik jest taki, że całkowity kolor w wodzie jest akceptowalny dla wszystkich istniejących i potencjalnych dalszych użytkowników. Ta ostatnia kwestia jest niezwykle poważna w krajach o ograniczonych zasobach wodnych, takich jak Namibia które polegają na szeroko zakrojonym recyclingu wody w celu zaspokojenia stale rosnącego zapotrzebowania na wodę ze strony sektorów domowego, rolniczego i przemysłowego.

Nie ustalono rygorystycznych wartości granicznych dla TOC i ChZT w ściekach. NamibiaDzięki temu młyny tekstylne mogą odprowadzać ścieki o wysokiej zawartości substancji organicznych do oczyszczalni ścieków. Opłaty za ścieki są jednak obliczane na podstawie ładunku organicznego ścieków (zwykle mierzonego ChZT) i w związku z tym zrzut ścieków z oczyszczania i szorowania zwykle powoduje bardzo wysokie opłaty za ścieki, które mogłyby zostać drastycznie zmniejszone, gdyby wstępne oczyszczanie tych ścieków było następujące
Wdrożony. Chociaż głównym celem tego projektu było usunięcie koloru ze ścieków tekstylnych, zarówno redukcja TOC jak i ChZT w ściekach tekstylnych o wysokiej wytrzymałości organicznej została dokładnie monitorowana po odbarwieniu fotokatalitycznym i została opisana w rozdziale piątym.

1.3 Zaawansowane procesy utleniania w celu rekultywacji środowiska naturalnego

Jednoznaczne uzależnienie od barwników tekstylnych będzie wymagało zastosowania uzdatniania wody, które wyeliminuje zagrożenia związane z narażeniem na działanie toksycznych barwników i produktów ich naturalnych przemian. Konwencjonalne stacje uzdatniania wody wykorzystują procesy mechanicznego usuwania, filtracji, osadu czynnego i chlorowania do oczyszczania ścieków. Niestety, procesy te zazwyczaj nie są skuteczne w remediacji przemysłowych zanieczyszczeń organicznych, takich jak barwniki. W rzeczywistości procesy chlorowania często zwiększają toksyczność związków organicznych poprzez tworzenie chlorowanych węglowodorów i związków aromatycznych (Komulainen, 2004; Nikolaou *i in.* , 2004; Golfinopoulos i Nikolaou, 2001; Bedner *i in.* , 2004). Znaczne wysiłki badawcze koncentrują się na alternatywnych strategiach remediacji, które mogą skutecznie oczyścić wody zanieczyszczone antropogenicznymi substancjami chemicznymi (Lagadec *i in.*, 2000; Bogatin i *in.*, 1999; Li Puma i Yue, 2001; Tobien *i in.*, 2000). Ze względu na to, że rozkład związków organicznych może prowadzić do powstawania substancji równie lub bardziej toksycznych niż związki macierzyste, skuteczne procesy remediacji muszą również uwzględniać potrzebę przemian w związki nietoksyczne lub mineralizację (tworzenie CO_2 i substancji nieorganicznych) zanieczyszczeń (Hwang *i in.* , 1998). Realizacje te doprowadziły do szczegółowych badań nad AOP (Jones, 1999; Stock *i in.* , 2000; Richardson i *in.*, 1996; Ollis i Al-Ekabi, 1993; Acero i *in.*, 2001; Saltmiras i Lemley, 2000; Huber *i in., 2003;* Peller *i in.,* 2003; Acero *i in.,* 2000; Perez *i in.*, 2002; Adewuyi, 2001). Zaawansowane technologie utleniania (rys. 1-2), które wykorzystują utleniacze bezchlorowe w procesie uzdatniania chemikaliów przemysłowych, są bardzo obiecujące jako część procesu oczyszczania wody.

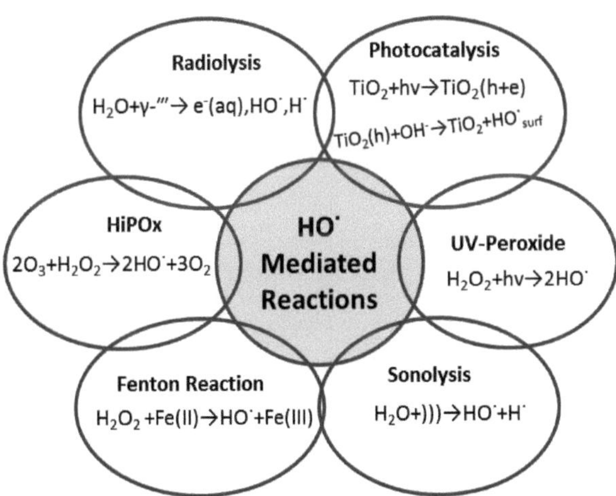

Rysunek 1-2: Zaawansowane procesy utleniania (AOP).

AOP są definiowane jako technologie, które wykorzystują wysoce reaktywny rodnik hydroksylowy jako główny gatunek utleniający do rozkładu zanieczyszczeń organicznych, takich jak barwniki tekstylne. Rodnik hydroksylowy może być tworzony kilkoma metodami w układach wodnych: za pomocą fal ultradźwiękowych wysokiej częstotliwości, promieni lubγ- elektronów o wysokiej częstotliwości, światła TiO2 i UV, światła H2O2 i UV, O3 i UV, reakcji Fentona (H2O2/Fe2+) oraz różnych kombinacji tych procesów. Niektóre z tych procesów wymagają użycia gazów, a inne powierzchni do produkcji lub reakcji rodników hydroksylowych. Wiele z mocnych i słabych stron tych procesów zostało ocenionych, co doprowadziło do lepszego zrozumienia ich praktycznych potencjałów wdrożeniowych (Tobien *i in.*, 2000; Adewuyi, 2001; Hoffmann *i in.*, 1995; Kamat i Meisel, 2002; Colarusso i Serpone, 1996; Drijvers *i in.*, 2000; Evgenidou i Fytianos, 2002; Hua i Hoffmann, 1997; Li *i in.*, 2001; Joseph *i in.*, 2000). Jednocześnie wiele szczegółów dotyczących mechanizmów utleniania nie jest jeszcze znanych, a dokładne mechanizmy mogą zależeć od zastosowanego zaawansowanego procesu (lub procesów) utleniania. Mimo to istnieje duży potencjał w tych procesach, a może nawet większy w połączeniu z konkretnymi technologiami utleniania w celu zaspokojenia potrzeb rekultywacji (Stock *i in.* , 2000; Peller *i in.*, 2003; Destaillats *i in.* , 2000).

1.3.1 Jednorodny proces UV-Fenton

Odczynnik Fenton jest połączeniem jonu żelaznego i H2O2, który jest uważany za rodzaj silnego utleniacza od ponad 100 lat i jest szeroko stosowany w wielu dziedzinach, takich jak przemysł chemiczny, farmaceutyczny i chemiczny, higiena farmaceutyczna, leczenie zanieczyszczeń środowiska, i tak dalej.

W 1894 roku francuski naukowiec Fenton odkrył, że kwas winowy może być skutecznie utleniany w kwaśnym roztworze z jonem żelazowym i H2O2. Odkrycie to dostarczyło nowej metody analizy redukcyjnych związków organicznych i selektywnych związków organicznych. Dla uczczenia pamięci tego wielkiego naukowca, odczynnik Fenton został nazwany imieniem Fenton / H2O2. Zaletą procesu Fentona jest to, że prędkość rozkładu H2O2 i prędkość utleniania są karkołomne. Wiele nieorganicznych siarczków, od pierwiastka siarkowego do siarczku, złożonych z siarki i tlenu oraz H2S, może być utlenionych do siarczanu (Ruppert i Bauer, 1993; Bauer i Fallmann, 1997; Kim *i in.*, 1997). We wczesnych badaniach ludzie stosowali tę technikę do organicznej, analitycznej chemii i organicznych reakcji budulcowych. W 1964 r. Eisenhouser H. R. po raz pierwszy oczyszczał ścieki z fenolu i alkilobenzenu za pomocą odczynnika Fenton i zainaugurował stosowanie odczynnika Fenton do oczyszczania ścieków.

W 1991 r. Zepp z amerykańskiego biura ochrony środowiska i Faust, Holgne i inni (Bauer i Waldner, 1999) z Szwajcaria źródło wody i akademia oczyszczania wody badały reakcję Fentona pod wpływem napromieniowania fotoelektrycznego i odkryły, że szybkość rozkładu alkoholu *n-oktylowego*, 2-metylo-2-propanolu i nitrobenzenu pod wpływem napromieniowania fotoelektrycznego jest szybsza niż wcześniej. Odkrycie to pozwoliło na wykorzystanie światła słonecznego do uzdatniania toksycznych zanieczyszczeń organicznych w wodzie i zwiększenie wartości reakcji Fentona. Od tego czasu oczyszczanie ścieków organicznych za pomocą promieniowania UV/Fenton było badane w sposób rozproszony (Zepp *i in.*, 1992; Barbeni *i in.*, 1987; Huston i Piganatelo, 1996; Werner i David, 1992; Kim *i in.*, 1997). Jednorodny UV/Fenton ma wiele zalet, takich jak wysoka wydajność fotokatalizy i duża zdolność do utleniania. Co więcej, wykazuje on więcej zalet niż inne metody oczyszczania ścieków stężonych, nieulegających biodegradacji i trujących.

1.3.2 System podobny do procesu Fentona (Fe^{3+} + H2O2)

W ostatnich latach ludzie starają się używać trójwartościowego jonu żelazowego, który jest nazywany podobnym odczynnikiem Fenton i może być używany do rozkładu związków organicznych, aby zastąpić dwuwartościowy jon żelazowy w tradycyjnym procesie Fenton. Jak zwykle, szybkość rozkładu odczynnika Fenton podobnego do związków organicznych jest uważana za wolniejszą, co sugerują dwa poniższe równania (1.1) i (1.2). Jednak w warunkach naświetlania fotograficznego układ ten (podobnie jak układ jonów żelaza dwuwartościowego) może znacznie zwiększyć szybkość rozkładu związków organicznych, a współczynnik wykorzystania H2O2 jest bardzo wysoki.

$$Fe^{2+} + H_2O_2 \rightarrow Fe^{3+} + HO^{\bullet} + OH^- \qquad k_1 = 63\,M^{-1} \cdot s^{-1} \qquad (1.1)$$

$$Fe^{3+} + H_2O_2 \rightarrow Fe^{2+} + H^+ + HO_2^{\bullet} \qquad k_2 = 0.002\,M^{-1} \cdot s^{-1} \qquad (1.2)$$

Po dalszych badaniach uważa się, że postać Fe (III) w wodzie jest związana ze stopniem kwasowości podłoża. Formy te to Fe3+, $Fe(OH)^{2+}$, $Fe2(OH)^{24+}$, $FeLn^{(n-3)-}$ i jon uwodniony (L to jon halogenowy i inne jony ligandowe). Jeżeli pH wynosi 0, to główną formą trójwartościowego jonu żelazowego jest $Fe(H2O)^{63+}$. W miarę wzrostu pH trójwartościowy jon żelazowy będzie ulegał rozkładowi w celu koordynacji jonów żelazowych. Równowaga pomiędzy wszystkimi rodzajami jonów żelazowych jest następująca:

$$Fe^{3+} + OH^- \leftrightarrow Fe(OH)^{2+} \qquad k_3 = 6.5 \times 10^{11} \qquad (1.3)$$

$$Fe(OH)^{2+} + OH^- \leftrightarrow Fe(OH)_2^+ \qquad k_4 = 3.08 \times 10^{10} \qquad (1.4)$$

$$Fe(OH)_2^+ + OH^- \leftrightarrow Fe(OH)_3 \qquad (1.5)$$

Liczba kretów różnych form jonizacji trójwartościowego jonu żelazowego zmieni się po zmianie pH. Hydroksylowany jon żelazowy przyjmuje kolor żółty i adsorpcyjne pasmo przenoszenia ładunku pomiędzy ligandem a centralnym jonem żelazowym w obszarze nadfioletowym (ogon jest w pobliżu widocznego obszaru). Fragmenty te wytwarzają wolne rodniki jonów żelaza i hydroksylu w obszarze nadfioletowym lub w pobliżu promieniowania ultrafioletowego:

$$Fe(OH)^{2+} + hv \rightarrow Fe^{2+} + HO^{\bullet} \qquad (1.6)$$

Tabela 1-3: Wpływ długości fali na efektywność kwantową *(*Φ)

Gatunki Fe (III) (Xu *i in*., 1998)

Gatunki Fe (III)	λ (nm)	*Φ*
$Fe(H2O)^{63+}$	254	0.065
$Fe(OH)_{2+}$	313	0.14
$Fe2(OH)^{24+}$	350	0.007
$Fe(OH)^{2+}$	350	0.017

W słabo kwaśnym roztworze, główną postacią Fe (III) jest $Fe(OH)^{2+}$. Na przykład, $Fe(OH)^{2+}$ i $Fe2(OH)^{24+}$ wytwarzają Fe2+, a produktywna szybkość jonowa wynosi odpowiednio 0,017 i 0,007 przy 350 nm, jak pokazano w tabeli 1-3.

1.3.3 Ultradźwięki wysokiej częstotliwości

Kiedy fale ultradźwiękowe o wysokiej częstotliwości są wprowadzane do roztworu wodnego, pęcherzyki szybko się tworzą i rozwijają poprzez cykle rzadko występujące/kompresyjne. Po wytworzeniu się ciśnienia bezwzględnego (wielkość pęcherzyka krytycznego), pęcherzyki zapadają się do wewnątrz. Ten proces implozji wywołany ultradźwiękami jest znany jako kawitacja. Bardzo wysokiej temperaturze i ciśnieniu towarzyszy implozja pęcherzyków kawitacyjnych, które tworzą mikroskopijne obszary o niezwykle wysokiej energii. Osiągnięto ciśnienia aż do 1000 atm i 4726,85°C (Makino *i in.*, 1983; Serpone i Colarusso, 1994).

Sonoliza o wysokiej częstotliwości może indukować degradację związków organicznych dwoma głównymi drogami. Po zapadnięciu się pęcherzyka kawitacyjnego odparowane związki lotne ulegają zniszczeniu w wyniku reakcji pirolitycznych lub palnych z powodu ekstremalnych warunków temperatury i ciśnienia. Węglowodory o małej masie cząsteczkowej i inne związki lotne tworzą półprodukty i produkty, które odzwierciedlają pirolizę lub produkty reakcji spalania (Hart *i in.* , 1990a). Drugi rodzaj drogi reakcji składa się z procesów chemicznych na styku pęcherzyka, indukowanych przez atomy wodoru i rodniki hydroksylowe powstające z homolizy wody, promowanych przez warunki implozji. Np. od (1.7) do (1.12) podsumowują główne gatunki reaktywne wytwarzane przez ultradźwięki wysokiej częstotliwości w roztworze wodnym. Cząsteczki rozpuszczalne, które nie parują, ale rozpraszają się w pęcherzyku lub w jego pobliżu, prawdopodobnie ulegną atakowi rodników przez HO- lub H-. Uważa się, że stężenie rodników hydroksylowych na powierzchni styku wynosi 1 × 10-2 M w momencie zapadania się pęcherzyków (Adewuyi, 2001).

$$H_2O+)))) \rightarrow H^\bullet + HO^\bullet \quad (1.7)$$

$$H^\bullet + O_2 \rightarrow HO_2^\bullet \rightarrow HO^\bullet + \frac{1}{2}O_2 \quad (1.8)$$

$$O_2 \rightarrow 2O^\bullet \quad (1.9)$$

$$O^\bullet + H_2O \rightarrow 2HO^\bullet \quad (1.10)$$

$$2HO^\bullet \rightarrow H_2O_2 \quad (1.11)$$

$$2HO_2^\bullet \rightarrow H_2O_2 + O_2 \quad (1.12)$$

Aktywne reakcje degradacyjne w sonolizy wysokiej częstotliwości ograniczają się do wnętrza zapadającego się pęcherzyka kawitacyjnego i jego interfejsu. Cząsteczki, które są hydrofobowe lub lotne, najprawdopodobniej przechodzą reakcje typu pirolizy, ponieważ mogą dostać się do hydrofobowego wnętrza pęcherzyków podczas kawitacji (Petrier *i in.*, 1998; Hart *i in.* , 1990b). Ponieważ związki, które są hydrofilne lub nielotne, nie wejdą w hydrofobowe pęcherzyki kawitacyjne, ich reaktywność będzie za pośrednictwem HO na powierzchni pęcherzyka (Peller *i in.*, 2001).

Soluty obecne w tych środowiskach są skutecznie degradowane (Drijvers *i in.*, 2000; Hart *i in.* , 1990a; Petrier *i in.*, 1998; Hart *i in.* , 1990b; Drijvers *i in.*, 1999; Colarusso i Serpone, 1996; Kotronarou *i in.*, 1991; Weavers *i in.*, 2000). I odwrotnie, wysoce hydrofilne związki, które są rozproszone w roztworze zbiorczym (nie są przyciągane do granicy pęcherzyków), takie jak niskocząsteczkowe kwasy karboksylowe, ulegają degradacji w dłuższym czasie, co wskazuje na brak aktywności HO w roztworze zbiorczym (Peller *i in.*, 2001). Ponieważ związki hydrofilowe powstają w pośrednich i końcowych etapach reakcji utleniania związków organicznych, ultradźwięki wysokiej częstotliwości są gorszym procesem prowadzącym do całkowitej mineralizacji związków organicznych (Stock *et al.*, 2000; Vinodgopal *et al.*, 1998; Hiskia *et al.*, 2001).

1.3.4 radiolizaγ

Radiolityczne utlenianie rozpuszczalników organicznych w roztworach wodnych polega na wykorzystaniu promieniowania jonizującego ze źródeł takich jak wysokoenergetyczne wiązki elektronów lub kobalt 60, który emituje promieniowanie.γ Promieniowanie jonizujące wymusza wyrzucanie elektronów z cząsteczek wody, a następnie powstawanie pierwotnych rodników HO- i H-, jak również wysoko reaktywnych elektronów wodnych. Równanie (1.13) przedstawia gatunki wynikające z radiolizy wody oraz ich wartości *G*, liczbę gatunków utworzonych na 100 eV energii (Buxton *i in.*,1988).

$$H_2O \rightarrow e^-_{aq}(2.6) + H^\bullet(0.6) + HO^\bullet(2.7) + H_2(0.45) + H_2O_2(0.7) + H_3O^+ \quad (1.13)$$

$$H_2O + N_2O + e^-_{aq} \rightarrow N_2 + OH^- + HO^\bullet \quad (1.14)$$

Różne pochłaniacze elektronów wodnych, takie jak O2 (g) i N2O (g), powodują, że warunki wodnego roztworu są utleniające (np. 1.14)). Jeśli N2O (g) jest wykorzystywany jako pochłaniacz e (aq), to wysoko reaktywne rodniki hydroksylowe stanowią 90% pierwotnych rodników w roztworze (Buxton, 1970). Rodnik hydroksylowy jest silnym utleniaczem w remediacji radiacyjnej, bez ingerencji innych obcych źródeł, takich jak katalizatory, powierzchnie, promieniowanie UV lub ekstremalne ciepło. Ponieważ rodnik hydroksylowy jest jedynym gatunkiem oksydacyjnym uczestniczącym w rozpuszczalnych przemianach,
radioliza jest szczególnie przydatna w badaniach mechanistycznych nad rolą i reaktywnością tego gatunku (Peller *i in.* , 2004).

1.3.5 UV-H2O2 i czynniki wpływające na wydajność

Gdy woda lub ścieki zawierające H2O2 są napromieniowywane promieniowaniem UV, powstają rodniki hydroksylowe. Mechanizm ten jest reprezentowany przez następujące równanie:

$$H_2O_2 + hv \rightarrow 2HO^{\bullet} \qquad (1.15)$$

Światło ultrafioletowe, reprezentowane jako *hv*, powoduje dysocjację H2O2 na dwa rodniki hydroksylowe (OH-). Rodniki hydroksylowe są silnymi utleniaczami, które mogą łatwo utleniać związki organiczne (Yang *i in.* , 1998). Rodniki rozkładają związki organiczne poprzez oddzielenie protonów, aby uzyskać rodnikowe związki organiczne, które prowadzą albo do abstrakcji atomów wodoru, albo do dodania wiązań podwójnych (Sundstrom *i in.*, 1989).

Czynniki, które wpływają na usuwanie koloru przez H2O2 i UV obejmują początkową intensywność koloru, stężenie H2O2, czas i intensywność promieniowania UV, pH i zasadowość. Badania wykazały, że zmienność początkowego stężenia barwnika azowego powoduje zmiany w kinetyce (Ince i Gonenc, 1997; Shu *et al.* , 1994). W jednym z badań Ince i Gonenca (1997) stała szybkości odbarwiania dla Reactive Black 5 wzrosła przy niższych stężeniach barwnika. Inne badania wykazały, że im bardziej skoncentrowany był barwnik Reactive Black 5, tym wolniejsze było tempo jego degradacji. Miało to być spowodowane strukturą pięciu dużych, aromatycznych pierścieniowych barwników (Ince i Gonenc, 1997). Yang *et al.* (1998) badali również barwnik Reactive Black 5 i odkryli, że wraz ze wzrostem stężenia barwnika zwiększa się również czas potrzebny do osiągnięcia identycznego usunięcia koloru, niezależnie od intensywności promieniowania.

Stężenie nadtlenku wodoru ma różny wpływ na barwniki. Wydaje się, że wzrost stężenia nadtlenku zwiększy ogólną wydajność układu utleniającego. Wykazano jednak również, że odbarwianie zwiększa się wraz ze wzrostem stężenia H2O2, ale tylko do pewnego stopnia, poza którym nie następuje dalsze odbarwianie (Ince i Gonenc, 1997). Przy zwiększonym stężeniu H2O2, nadmiar może reagować z rodnikami hydroksylowymi już w roztworze, tworząc wodę i tlen (Ince i Gonenc, 1997; Yang *i in.* , 1998).

Ustalenie optymalnej dawki H2O2 dla danego zabiegu wymaga wstępnej oceny każdego barwnika. Jeśli struktura barwnika jest znana, można oszacować teoretyczne stężenie H2O2 niezbędne do usunięcia koloru. Zrównoważone równanie chemiczne obejmujące
Rozkład cząsteczki barwnika na teoretyczne produkty uboczne rozkładu daje wymagane stężenie stechiometryczne H2O2 (Yang *i wsp.* , 1998).

Podobnie jak w przypadku H2O2, czas i natężenie promieniowania UV muszą być określane oddzielnie dla różnych barwników. Yang *et al.* (1998) zasugerowali, że ciśnienie lamp i natężenia promieniowania dla jednostek UV stosowanych w oczyszczalniach ścieków powinny być oparte na priorytetowym rankingu zmiennych, które są najważniejsze dla zakładu (koszt, usuwanie koloru, TOC lub ChZT). Zauważył on, że redukcja barwy nie ulega znaczącej poprawie dzięki zastosowaniu lampy o wysokiej intensywności, gdy stężenie barwnika jest wysokie (Yang *i in.*, 1998). Niższe stężenia barwników reagują jednak na zwiększone odbarwianie, gdy używana jest lampa o dużej intensywności (Shu *i in.* , 1994; Yang *i in.*, 1998). Czasy kontaktu wymagane do każdego zabiegu są funkcją intensywności promieniowania UV, a zależność między H2O2 a szybkością odbarwiania nieuchronnie zmieni zakres redukcji koloru. Również czas potrzebny na odbarwianie będzie zależał od intensywności promieniowania UV. Czasy kontaktu wymagane do odbarwiania różnych ścieków w kilku przytoczonych w literaturze badaniach wynosiły od 30 sekund do 1 godziny.

Odczyn pH i zasadowość roztworów ściekowych barwnika może mieć istotny wpływ na redukcję barwy i tempo jej redukcji. Według Shu *et al.* (1994), tempo rozkładu barwnika pod wpływem UV-H2O2 spadało wraz ze wzrostem pH. Odkryto również, że H2O2 generalnie rozkłada się do wody i tlenu, a nie tworzy rodników hydroksylowych w warunkach alkalicznych, co powoduje mniejsze tempo odbarwiania barwników azowych przy wyższych wartościach pH. Odbarwianie za pomocą UV-H2O2 było najbardziej skuteczne przy neutralnym pH (Namboodri i Walsh, 1996; Ince i Gonenc, 1997; Shu *et al.*, 1994).

1.3.6 Fotokataliza TiO2

W fotokatalizie TiO2 roztworów wodnych, światło UV jest wykorzystywane do wzbudzenia elektronu z tlenku metalu do utworzenia pary otworów elektronowych, gdzie otwór jest zlokalizowany w miejscu utleniania. Fotogenerowane elektrony mogą być od początku usuwane przez rozpuszczony gaz O2 i H2O2 (Shigwedha *i in.*, 2006). W fotokatalizie, gdy dostępny jest odpowiedni padlinożerca lub stan defektu powierzchniowego, aby uwięzić elektron lub otwór, zapobiega się rekombinacji, a następnie zachodzą reakcje redoks. Otwory pasma walencyjnego są silnymi utleniaczami (+1,0 do 3,5 V vs. NHE w zależności od półprzewodnika i pH), natomiast elektrony pasma przewodzącego są dobrymi reduktantami (+0,5 do -1,5 V vs. NHE). Większość organicznych reakcji fotodegradacji wykorzystuje moc utleniania otworów bezpośrednio lub pośrednio. Jednakże, aby zapobiec gromadzeniu się ładunków, należy zapewnić reduktor, który będzie reagował z elektronami. Na unieruchomionym półprzewodniku w cienkiej warstwie, oba gatunki (otwór i elektron) są obecne na powierzchni. Dlatego też konieczne jest staranne rozważenie zarówno ścieżek oksydacyjnych jak i redukcyjnych.

Rysunek 1-3 przedstawia komiks, który jest często używany do zobrazowania procesów fotokatalitycznych. Składa się z superpozycji pasm energetycznych półprzewodnikowego TiO2 (pasmo walencyjne VB, pasmo przewodzenia CB) oraz geometrycznego obrazu cząstki sferycznej. Absorpcja fotonu o energii hv większej lub równej energii wstęgi pasmowej (*Ebg*) zazwyczaj prowadzi do powstania pary elektron/otwory w cząstce półprzewodnikowej. Następnie te nośniki ładunku albo rekombinują i rozpraszają energię wejściową w postaci ciepła, uwięzione są w metastabilnych stanach powierzchniowych, albo reagują z elektronowymi dawcami i akceptorami adsorbowanymi na powierzchni lub związanymi w podwójnej warstwie elektrycznej. Gatunki organiczne mogą ulegać utlenianiu bezpośrednio na powierzchni otworu. Otwór może również zostać poddany przeniesieniu ładunku za pomocą wchłoniętej cząsteczki wody lub gatunków związanych powierzchniowo z wodorotlenkiem, tworząc ostatecznie rodnik hydroksylowy jako utleniacz. Reakcje te zostały przedstawione w punktach od (1.16) do (1.19).

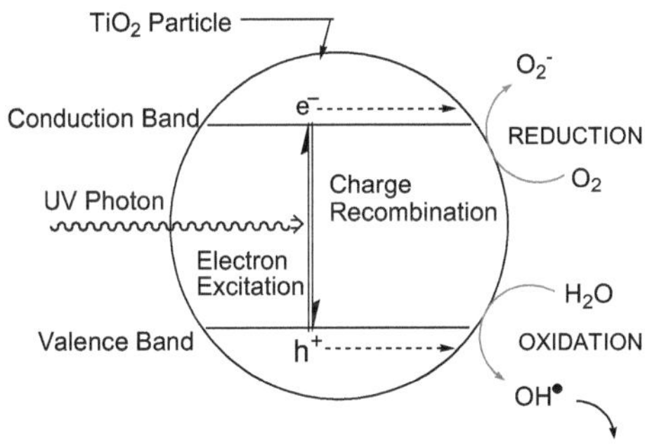

Rysunek 1-3: Uproszczone przedstawienie reakcji pierwotnych występujący przy oświetlonej cząstce TiO2

$$TiO_2 + hv \rightarrow TiO_2(e+h) \quad (1.16)$$

$$TiO_2(e) + O_2 \rightarrow TiO_2 + O_2^- \quad (1.17)$$

$$TiO_2(h) + OH^- \rightarrow TiO_2 + HO^{\bullet}_{surf} \quad (1.18)$$

$$TiO_2(h) \text{ or } HO^{\bullet}_{surf} + \text{ORGANICS} \rightarrow \text{oxidative transformation} \quad (1.19)$$

Równanie (1.19) przekazuje oba warianty drogi utleniania, bezpośrednie utlenianie za pomocą fotogenicznych otworów i utlenianie za pośrednictwem HO. Preferowana droga utleniania jest w dużym stopniu uzależniona od związków. Te gatunki, które silnie adsorbują do TiO2, związków silnie polarnych, prawdopodobnie utleniają się przez fotogeniczne otwory.

Chociaż półprzewodniki inne niż TiO2 są również zdolne do działania jako katalizatory, TiO2 jest najczęściej badanym fotokatalizatorem w związku z utleniającymi reakcjami degradacji. W ciągu ostatnich dwóch dekad wiele prac oceniało proces fotokatalizy TiO2 w remediacji zanieczyszczeń organicznych (Ollis i Al-Ekabi, 1993; Hoffmann *i in.* , 1995; Ding *i in.* , 2000; Chen *i in.*, 2004; Pramauro *i in.*, 1997; Pelizzetti i *in.*, 1990; Serpone i Pelizzetti, 1989; Fox i Dulay, 1993). Wyniki wielu badań wskazują na zdolność adsorpcji związków na powierzchni TiO2 do prawdopodobieństwa lub tempa utleniania (Li *i in.*, 2001; Dionysiou *i in., 2000;* Liu *i in.*, 2000; Calvo *i in.*, 2001). Niektóre badania powiązały wielkość cząsteczek TiO2 z ich aktywnością (Dawson i Kamat, 2001; Kamat i Meisel, 1997; Pelizzetti *i in.*, 1993), a inne prace informowały o wpływie soli (Dionysiou *i in,* 2000), metale, (Kamat, 2002; Vinodgopal *i in.* , 1996; Cozzoli *i in.*, 2004), okresowe wystawienie na działanie światła (Cornu *i in.* , 2001) oraz inne substancje rozpuszczające lub warunki dotyczące zdolności utleniania procesu TiO2 (Li Puma i Yue, 1999; Al-Ekabi *i in.*, 1989; Vinodgopal *i in.*, 1994).

Większość opublikowanych wyników, które dotyczą niszczenia zanieczyszczeń organicznych przez fotokatalizę TiO2, weryfikuje przydatność TiO2 jako fotokatalizatora. Mimo że większość prac donosi, że związki szybko ulegają degradacji w wyniku tego fotokatalitycznego utleniania, niektóre związki okazały się nieco odporne. Zdolność fotokatalizy TiO2 do mineralizacji związków organicznych w realistycznych ramach czasowych została udowodniona w wielu zgłoszonych doświadczeniach (Terzian *i in.*, 1991; Helz *i in.*, 1994). Mimo to pozostaje faktem, że niektóre związki, takie jak kwas cyjanurowy i czterochlorek węgla, wykazują odporność na degradację fotokatalityczną (Tetzlaff i Jenks, 1999; Yamazaki *i in.*, 2004).

1.4 Możliwości oczyszczania ścieków w istniejących pracach badawczych dotycz ących ścieków zawierających barwniki

Oczyszczanie zużytych ścieków z farbowania tekstyliów tradycyjnymi metodami okazało się nieskuteczne w wielu oczyszczalniach ścieków. Konwencjonalne oczyszczanie osadu czynnego jest

typową metodę leczenia stosowaną dzisiaj. Pierwotnie osad czynny nie był przeznaczony do przetwarzania odpadów przemysłowych, w szczególności odpadów tekstylnych zawierających barwniki i środki powierzchniowo czynne. Dodatkowe metody obróbki wyrobów włókienniczych, takie jak kombinacje metod biologicznych, fizycznych i chemicznych, w tym koagulacja i/lub flokulacja, utlenianie elektrochemiczne i adsorpcja węgla aktywnego, odwrócona osmoza, mikrofiltracja krzyżowa, ozonowanie oraz utleniające/redukcyjne procesy chemiczne, to popularne metody obróbki, które mogą być stosowane do oczyszczania ścieków z wyrobów włókienniczych.

Niebiodegradowalność ścieków tekstylnych wynika z wysokiej zawartości barwników, środków powierzchniowo czynnych i dodatków. Adsorpcja związków barwnikowych na węgiel aktywny lub inne celulozowe materiały niskobudżetowe przenosi barwny składnik ścieków do postaci stałej, która następnie może być usunięta na składowisko odpadów. Również flokulanty chemiczne mogą być stosowane do flokulacji barwników, które są następnie usuwane z roztworu w postaci osadu. W niektórych procesach barwienia, ponowne użycie odzyskanych barwników może być możliwe. Jednakże wielu producentów tekstyliów niechętnie podejmuje ryzyko związane z jakością procesu barwienia przy użyciu barwników pochodzących z recyklingu. W innych przypadkach, takich jak odzysk reaktywnych barwników bawełny, ponowne użycie roztworów barwników jest niemożliwe ze względu na hydrolizę tych barwników w kąpieli barwnikowej. Reakcja ta odpowiada również za stosunkowo słabe wyczerpanie tej klasy barwników, w wyniku czego z barwników reaktywnych powstają silnie zabarwione ścieki. W tym przypadku należy wdrożyć utylizację odpadów z zagęszczonych roztworów barwników.

Wydaje się jednak, że AOP mają największy potencjał do wykorzystania w przyszłości w branży oczyszczania ścieków tekstylnych. Oczyszczanie zużytych ścieków z barwników za pomocą procesu wykorzystującego światło ultrafioletowe (UV) i silny utleniacz jest skuteczną alternatywą dla usuwania koloru. Nadtlenek wodoru (H2O2) jest najczęstszym utleniaczem stosowanym w połączeniu z UV. Dwutlenek chloru (ClO2) posiada również właściwości utleniające do usuwania koloru. Promieniowanie UV w połączeniu z ClO2 jest możliwym sposobem redukcji kolorowych odcieków z urządzeń do barwienia tkanin. Również zastosowanie TiO2 lub ZnO jako fotokatalizatora pozwala na całkowite odbarwienie i mineralizację barwników w krótkim czasie reakcji.

Niektórzy badacze wykazali, że dodanie odczynników chemicznych takich jak H2O2 do układu fotokatalitycznego, które mogą działać jako alternatywne akceptory elektronów, powoduje zwiększenie szybkości niszczenia zanieczyszczeń (Hisanaga *i in.*, 1990; Augugliaro *i in.* , 1990; Matthews, 1991; Cornish *i in.*, 2000; Chu i Wong, 2004). Niewiele pracy wykonano nad skutecznością utleniacza chemicznego H2O2 w degradacji rzeczywistych ścieków tekstylnych. Rositano *et al.* (1998) stwierdzili, że w obecności H2O2 nastąpiła niewielka degradacja toksyn. Uznano to jednak za skuteczne

gdy jest używany w połączeniu z O3. Systemy UV-H2O2 są zasadniczo samowystarczalne po 2OH- inicjacji, podczas gdy systemy UV/TiO2/H2O2 wymagają stałego wprowadzania H2O2. Nie zgłoszono jednak wpływu beztlenowego promieniowania UV-H2O2FS lub beztlenowego promieniowania UV-H2O2FS-TiO2 na ścieki z tekstyliów. Brakowało również ogólnej metody kinetycznej do porównywania efektywności procesów. Zaproponowano metody oceny efektywności procesu w środowiskach przemysłowych, takie jak względna efektywność fotoniczna (Tahiri *i in., 1996*; Serpone *i in.*, 1996; Malato *i in.*, 2000) oraz globalna efektywność fotoniczna (Medina-Valtierra *i in.*, 2005), która odnosi się do mineralizacji i początkowego tempa degradacji. Chociaż metody te są użyteczne do porównywania procesów fotochemicznych z różnymi fotokatalizatorami w tych samych warunkach doświadczalnych, nie zapewniają one stosunkowo prostej metody ustalania efektywności fotonów w odniesieniu do ilości fotonów wchłoniętych przez fotokatalizator.

W celu uzyskania korzystnej procedury fotokatalitycznej do oczyszczania ścieków tekstylnych, pożądane jest połączenie efektów utleniaczy chemicznych i unieruchomionych fotokatalizatorów, które mają wymierne efekty kinetyczne, ponieważ degradacja jest wspomagana przez wysokie stężenia OH- generowanego w procesie. Badania kinetyczne opracowane w tej pracy dotyczą dwóch ostatnich warunków. Kinetyka ta pozwala na porównanie wydajności procesu w fotokatalitycznym oczyszczaniu ścieków tekstylnych i pozwala uniknąć zamieszania w literaturze z kwantową wydajnością tworzenia się pary elektronowo-dziurkowej przez źródła światła w obszarach spektralnych UV.

1.5 Cel i zarys tej tezy

Cele tego projektu badawczego były następujące: (1) zbadanie wykonalności procesu fotokatalizy beztlenowej dla degradacji ścieków tekstylnych, w odniesieniu do mechanizmów i czynników kontrolujących szybkość degradacji oraz kinetycznych losów barwników w tym samym układzie, (2) opracowanie predykcyjnych modeli redukcji barwy z wykorzystaniem procesu UV-H2O2FS-TiO2, oraz (3) ocena połączonego wpływu oporu dyfuzyjnego folii, czasu retencji reaktora na cienkiej folii TiO2 oraz wydajności konwersji w fotokatalitycznym reaktorze recyrkulacyjnym.

Po dokonaniu przeglądu literatury podjęto decyzje dotyczące rodzaju stosowanego procesu oraz klasy badanego barwnika. Ze względu na brak pewności w literaturze dotyczącej mechanizmów fotokatalizy w połączeniu z H2O2 podjęto decyzję o badaniu beztlenowej degradacji fotokatalitycznej i odpowiadającej jej odbarwieniu w kontrolowanym laboratorium.
w celu wyjaśnienia mechanizmów odpowiedzialnych za odbarwianie i mineralizację. Acid Yellow 36 (AY-36) musiał być reprezentatywny dla klasy barwnika kwasowego, o którym wiadomo było, że jest problematyczny pod względem obciążenia, toksyczności i podatności na obróbkę.

W **rozdziale 1** dokonano przeglądu aktualnej wiedzy na temat zaawansowanych procesów utleniania (AOP), w tym zastosowania fotokatalizy do rekultywacji środowiska, jako wstępu do badań prowadzonych w ściekach tekstylnych. Przeprowadzono szereg badań nad fotodegradacją AY-36 za pomocą różnych procesów, które zostały przedstawione w **rozdziale 2**. W **rozdziale 3** przedstawiono derywatyzację środka kinetycznego, CPT, do tworzenia par otworów elektronowych w fotokatalizie i dokładnie określono ilościowo wrażliwość na aromat w ściekach tekstylnych. W ramach tych samych badań wykorzystano znacznie szerszy zakres częstotliwości UV. CPT w **rozdziale 4** przewidywały pierwotne procesy fotokatalityczne cząsteczki barwnika, przewidywały oporność poszczególnych barwników na każdy rodzaj degradacji oraz przewidywały wpływ zarówno wydajności fotonów, jak i braków w lampach UV. CPT zostały sklasyfikowane w **rozdziale 5 w oparciu** o poszczególne barwniki wzmocnione do rzeczywistych ścieków przemysłowych, aby przewidzieć ich kolejność rozkładu. W **rozdziale 6**, TOC został wykorzystany jako środek kinetyczny do opisania połączonego wpływu oporu dyfuzyjnego błony, czasu retencji i sprawności konwersji na unieruchomiony TiO2 podczas procesu fotokatalizy. Tezę zamyka **rozdział** 7, będący podsumowaniem przedstawionych prac eksperymentalnych, zawierający rekomendacje dla przyszłych badań.

1.6 Odniesienia

Acero, J.L.; Haderlein, S.B.; Schmidt, T.C.; Suter, M.J.-F. i von Gunten, U.: Utlenianie MTBE poprzez konwencjonalne ozonowanie i połączenie ozonu z nadtlenkiem wodoru: wydajność procesów i tworzenie się bromatów. **Środowisko. Sci. Technol.** 35(2001)4252-4259

Acero, J.L.; Stemmler, K. i von Gunten, U..: Kinetyka degradacji atrazyny i jej produktów rozkładu z dodatkiem ozonu i rodników $^{-OH}$: predyktywne narzędzie do uzdatniania wody pitnej. **Środowisko. Sci. Technol.** 34(2000)591-597

Adewuyi, Y.G. : Sonochemia: nauka o środowisku i zastosowania inżynieryjne. **Ind. Eng.Chem. Res.** 40(2001)4681-4715

Al-Ekabi, H.; Serpone, N.; Pelizzetti, E.; Minero, C.; Fox, M.A. , i Draper, R.B.: Badania kinetyczne w heterogenicznej fotokatalizie. 2. Tytaniowa degradacja samego 4-chlorofenolu i w trójskładnikowej mieszaninie 4-chlorofenolu, 2,4-dichlorofenolu i 2,4,5-trichlorofenolu w środowisku wodnym równoważonym powietrzem. **Langmuir** 5(1989)250-255

Augugliaro, V.; Davi, E.; Palmisano, L.; Schiavello, M. i Sclafani, A. : Influence of hydrogen peroxide on the kinetics of phenol photodegradation in aqueous titanium dioxide dispersion. **Appl. Catal.** 65(1990)101-116

Barbeni, M.; Minero, C.; Pelizzetti, E.; Borgarello, E. and Serpone, N.: Chemical degradation of chlorophenols with Fenton's reagent (Fe2+ + H2O2). **Chemosfera** 16(1987)2225-2237

Barnes, C.; Foster, C.F. i Hrudey, S.E.: *Badanie w zakresie oczyszczania ścieków przemysłowych.* Przemysł naftowy i chemii organicznej (Vol. 2). Pitman Advanced Publishing Programme, 1992.

Bauer, R. i Fallmann, H.: Utlenianie foto-Fentonowe - tania i skuteczna metoda oczyszczania ścieków. **Res. Chem. Intermed.** 23(1997)341-354

Bauer, R. i Waldner, G.: Reakcja fotofentonowa i proces TiO2/UV do oczyszczania ścieków - nowe opracowanie. **Kataliza dzisiaj** 53(1999)131-144

Bedner, M.; MacCrehan, W.A. i Helz, G.R.: Produkcja makrocząsteczkowych chloroamin w drodze reakcji przeniesienia chloru. **Środowisko. Sci. Technol.** 38(2004)1753-1753

Bogatin, J.; Bondarenko, N. Ph.; Gak, E.Z.; Rokhinson, E.E. i Ananyev, I.P.: Obróbka magnetyczna wody do nawadniania: wyniki doświadczeń i warunki aplikacji. **Środowisko. Sci. Technol.** 33(1999)1280-1285

Bossmann, S.H.; Oliveros, E.; Göb, S.; Kantor, M.; Göppert, A.; Lei, L.; Yue, P.L. i Braum, A.M.: Degradacja polialkoholu winylowego (PVA) za pomocą jednorodnej i niejednorodnej fotokatalizy stosowanej do fotochemicznie wzmocnionej reakcji Fentona. **Water Sci. Technol.** 44(2001)257-262

Buckley, C.A. : Technologia membranowa do oczyszczania ścieków z farbiarni. **Water Sci. Technol.** 25(1992)203-209

Burkinshaw, S.M.: Zastosowanie barwników. W: Waring, D.R. , i Hallas, G.(Eds) Chemia i stosowanie barwników. Plenum Press, Nowy Jork, 1990.

Buxton, G.V.: Pulsowa radioliza roztworów wodnych. Stopień reakcji OH z OH-. **Trans. Faraday Soc.** 66(1970)1656-1660

Buxton, G.V.; Greenstock, C.L.; Helman, W.P. i Ross, A.B.: Krytyczny przegląd stałych szybkości dla reakcji uwodnionych elektronów, atomów wodoru i rodników hydroksylowych (· OH/· O-) w roztworze wodnym. **J. Phys. Chem. Sędzia sprawozdawca. Dane** 17(1988)513-886

Calvo, M.E.; Candal, R.J. , i Bilmes, S.A.: Fotoutlenianie mieszanin organicznych na nieobiektywnych kliszach TiO2. **Środowisko. Sci. Technol.** 35(2001)4132-4138

Carliell, C.M.: *Biologiczna degradacja barwników azowych w układzie beztlenowym.* MSc. Teza, Wydział Inżynierii Chemicznej, Uniwersytet Natal, 1993.

Chen, C.; Lei, P.; Ji. H.; Ma, W.; Zhao, J.; Hidaka, H. and Serpone, N.: Fotokataliza przy użyciu dwutlenku tytanu i kokatalizatorów polioksometalanu/TiO2. Studia średniozaawansowane i mechanistyczne. **Środowisko. Sci. Technol.** 38(2004) 329-337

Chu, W. i Wong, C.C.: fotokatalityczna degradacja dikamby w zawiesinach TiO2 za pomocą nadtlenku wodoru przez różne rodzaje promieniowania UV. **Badania nad wodą** 38(2004)1037-1043

Colarusso, P. and Serpone, N.: Sonochemistry I - Effects of ultrasounds on homogeneous chemical reactions and in environmental detoxification. **Res. Chem. Intermed.** 22(1996)61-89

Cornish, B.J.P.A.; Lawton, L.A. i Robertson, P.K.J.: Nadtlenek wodoru wzmocnione fotokatalityczne utlenianie mikrocystyny-LR przy użyciu dwutlenku tytanu. **Appl. Catal. B: Środowisko.** 25(2000)59-67

Cornu, C.J.G.; Colussi, A.J. i Hoffmann, M.R.: Quantum yields of the photocatalytic oxidation of formate in aqueous TiO2 suspensions under continuous and periodic illumination. **J. Phys. Chem. B** 105(2001)1351-1354

Cozzoli, P.D.; Fanizza, E.; Comparelli, R.; Curri, M.L.; Agostiano, A. i Laub, D.: Rola nanocząstek metali w nanokompozytowej mikroheterogenicznej fotokatalizie na bazie TiO2/Ag. **J. Phys. Chem. B** 108(2004)9623-9630

DawsonA. i Kamat, P.V.: Nanokompozyty półprzewodnikowo-metalowe. Fotoindukowana fuzja i fotokataliza nanocząstek TiO2 (TiO2/Gold) o złotej otoczce. **J. Phys. Chem. B** 105(2001)960-966

Destaillats, H.; Colussi, A.J.; Joseph, J.M. , and Hoffmann, M.R.: Synergistic effects of sonolysis combined with ozonolysis for the oxidation of azobenzene and Methyl Orange. **J. Phys. Chem. A** 104(2000)8390-8935

Dignac, M.F.; Ginestet, P.; Ryback, D.; Bruchet, A.; Urbain, V. i Scribe, P..: Losy zanieczyszczeń ścieków organicznych podczas oczyszczania osadu czynnego: charakter pozostałości substancji organicznych. **Badania nad wodą** 17(2000)4185-4194

Ding, Z.; Lu, G.Q. i Greenfield. P.F.: Rola fazy krystalicznej TiO2 w heterogenicznej fotokatalizie dla utleniania fenolu w wodzie. **J. Phys. Chem. B** 104(2000)4815-4820

Dionysiou, D.D; Suidan, M.T.; Bekou, E.; Baudin, I. i Laine, J.-M.: Effect of jonic strength and hydrogen peroxide on the photocatalytic degradation of 4-chlorobenzoic acid in water. **Appl. Catal. B: Środowisko.** 26(2000)153-171

Drijvers, D.; Van Langenhove, H. i Herrygers, V.: Sonoliza fluoro-, chloro-, bromo- i jodobenzenu: badanie porównawcze. **Ultrason. Sonochem.** 7(2000)87-95

Drijvers, D.; van Langenhove, H.; Nguyen Thi Kim, L. i Bray, L.: Sonoliza wodnej mieszaniny trichloroetylenu i chlorobenzenu. **Ultrason. Sonochem.** 6(1999)115-121

Evgenidou, E. i Fytianos, K.: Fotodegradacja herbicydów triazynowych w roztworach wodnych i naturalnych wodach. **J. Agric. Food Chem.** 50(2002)6428-6427

Fox, M.A. i Dulay, M.T.: Niejednorodna fotokataliza. **Chem. Rev.** 93(1993)341-357.

Golfinopoulos, S. i Nikolaou, A.: Produkty uboczne dezynfekcji i lotne związki organiczne w systemie wodociągowym w Atenach, Grecja. **J. Environ. Zdrowie rdzeni, część A** 36(2001)483-499

Hart, E.J.; Fischer, C.-H. i Henglein, A.: Piroliza acetylenu w sonolitycznych pęcherzykach kawitacyjnych w roztworze wodnym. **J. Phys. Chem.** 94(1990a)284-290

Hart, E.J.; Fischer, C.-H. i Henglein, A.: Sonoliza węglowodorów w roztworze wodnym. **Radiat. Fizycznie. Chem.** 36(1990b)511-516

Helz, G.R.; Zepp, R.G. i Crosby, D.G. (Eds) *Aquatic and surface photochemistry;* CRC Press: Boca, Raton, FL, 1994; s. 552

Hessel, C.; Allegre, C.; Maisseu, M.; Charbit, F. i Moulin, P..: Wytyczne i przepisy dotyczące ścieków z farbiarni: Recenzja. **J. Environ. Kierownictwo**, 2006, w prasie

Hisanaga, T.; Harada, K. i Tanaka, K.: Fotokatalityczna degradacja związków chloroorganicznych w zawiesinie TiO2. **J. Photochem. Fotobiol. A: Chem.** 54(1990)113-118

Hiskia, A.; Ecke, M.; Troupis, A.; Kokorakis, A.; Hennig, H. i Papaconstantinou, E.: Sonolityczny, fotolityczny i fotokatalityczny rozkład atrazyny w obecności polioksometalanów. **Środowisko. Sci. Technol.** 35(2001)2358-2364

Hoffmann, M.R.; Martin, S.T.; Choi, W. and Bahnemann, D.W.: Środowiskowe zastosowania fotokatalizy półprzewodnikowej. **Chem. Rev.** 95(1995)69-96

http://www.access.gpo.gov/cgi-bin/cfrassemble.cgi?title=200240 - data wejścia na stronę 31.04.2006, Wuxi, Chiny

http://www.epa.vic.gov.au/Water/EPA/#Other - data uzyskania dostępu: 01/01/2004, Wuxi, Chiny

http://www.menv.gouv.qc.ca/indexA.htm - dostęp: 04/06/06, Wuxi, Chiny

http:www.ostc-was.org/environment/water.html#3.2.1 - dostęp: 09/04/06, Wuxi, Chiny

Hua, I. i Hoffmann, M.R.: Optymalizacja napromieniowania ultradźwiękowego jako zaawansowana technologia utleniania. **Środowisko. Sci. Technol.** 31(1997)2237-2243

Huber, M.M.; Canonica, S.; Park, G.-Y. i von Gunten, U..: Utlenianie środków farmaceutycznych podczas ozonowania i zaawansowanych procesów utleniania. **Środowisko. Sci. Technol.** 37(2003)1016-1024

Huston, P. i Piganatelo, J.: Redukcja nadchloralkanów za pomocą rodnika karboksylanowego ferrioksalowanego, a następnie mineralizacja za pomocą fotofentonu. **Środowisko. Sci. Technol.** 30(1996)3457-3463

Hwang, S.-J.; Petucci, C. and Raftery, D.: *In situ* solid-state NMR studies of trichloroethylene photocatalysis: formation and characterization of surface-bound intermediates. **J. Am. Chem. Soc.** 120(1998)4388-4397

Ince, N.H. and Gonenc, D.T.: Podatność na impregnację tekstylnego barwnika azowego za pomocą UV/H2O2. **Technologia środowiskowa** 18(1997)179-185

Jones, C.W.: *Zastosowanie nadtlenku wodoru i jego pochodnych.* Royal Society of Chemistry: Cambridge, Anglia, 1999

Joseph, J.M.; Destaillats, H.; Hung, H.-M. i Hoffmann, M.R.: Sonochemiczna degradacja azobenzenu i pokrewnych barwników azowych: zwiększenie szybkości reakcji Fentona. **J. Phys. Chem. A** 104(2000)301-307

Kamat, P.V.: Fotoindukowane przekształcenia w półprzewodnikowych nanokompozytowych zespołach metalowych. **Pure Appl. Chem.** 74(2002)1639-1706

Kamat, P.V. i Meisel, D.: Nanocząsteczki w zaawansowanych procesach utleniania. **Curr. Opinie. Colloid Interface Sci.** 7(2002)282-287

Kamat. P.V. and Meisel, D.: Nanoklastry półprzewodnikowe - aspekty fizyczne, chemiczne i katalityczne. W: *Badania w dziedzinie powierzchni i katalizy 103*; Kamat, P.V. i Meisel, D. (Eds). Elsevier: Amsterdam, 1997

Kim, S.; Geissen, S. i Vogelpohl, A.: Terapia odciekiem z wysypiska za pomocą reakcji Fentona. **Wat. Sci. Tech.** 35(1997)239-248

Komulainen, H.: Eksperymentalne badania nad rakiem chlorowanych produktów ubocznych. **Toksykologia** 198(2004)239-248

Kotronarou, A.; Mills, G. i Hoffmann, M.R.: Ultrasonograficzne napromieniowanie p-nitrofenolu w roztworze wodnym. **J. Phys. Chem.** 95(1991)3630-3638

Lagadec, A.J.M.; Miller, D.J.; Lilke, A.V. and Hawthorne, S.B.: Pilotażowa remediacja wodna w skali podkrytycznej wielopierścieniowej gleby zanieczyszczonej węglowodorami aromatycznymi i pestycydami. **Środowisko. Sci. Technol.** 34(2000)1542-1548

Li Puma, G. i Yue, P.L.: Nowy reaktor fotokatalityczny fontanny do uzdatniania i oczyszczania wody: modelowanie i projektowanie. **Ind. Eng. Chem. Res.** 40(2001)5162-5169

Li Puma, G. i Yue, P.L.: Fotokatalityczne utlenianie chlorofenoli w układach jedno- i wielokomponentowych. **Ind. Eng. Chem. Res.** 38(1999)3238-3245

Li, X.; Cubbage, J.W. i Jenks, W.S.: Zmiany w chemii degradacji hydroksy- i metoksybenzenów za pomocą TiO2: przenoszenie elektronów i chemia inicjowana HO-ad. **J. Photochem. Fotobiol. A: Chem.** 143(2001)69-85

Liu, G.; Li, X.; Zhao, J.; Hidaka, H. i Serpone, N.: Droga fotoutleniania sulfonodaminy B. Zależność od trybu adsorpcji od TiO2 wystawionego na promieniowanie światła widzialnego. **Środowisko. Sci. Technol.** 34(2000)3982-3990

Makino, K.; Mossoba, M.M. i Riesz, P..: Chemiczny wpływ ultradźwięków na roztwory wodne. Tworzenie się rodników hydroksylowych i atomów wodoru. **J. Phys. Chem.** 87(1983)1369-1377

Malato, S.; Blanco, J.; Richter, C. i Maldonado, M. I.: Optymalizacja przedindustrialnej fotokatalitycznej mineralizacji słonecznej komercyjnych pestycydów. Zastosowanie do recyklingu pojemników z pestycydami. **Appl. Catal. B: Środowisko.** 25(2000)31-38

Matthews, R.W.: Fotooksydacyjna degradacja kolorowych związków organicznych w wodzie przy użyciu wspomaganych katalizatorów. TiO2 na piasku. **Badania nad wodą** 25(1991)1169-1176

Medina-Valtierra, J.; Moctezuma, E.; Sánchez-Cárdenas, M. i Frausto-Reyes, C..: Globalna wydajność fotoniczna dla degradacji i mineralizacji fenolu w niejednorodnej fotokatalizie. **J. Photochem. Fotobiol. A: Chem.**, 174(2005)246-252

Namboodri, C.G. and Walsh, W.K.: System ultrafioletowego światła/nadtlenku wodoru do odbarwiania zużytych ścieków z reaktywnych kąpieli barwiących. *American Dyestuff Reporter*, 1996

Nikolaou, A.D.; Golfinopoulos, S.K.; Arhonditsis, G.B.; Kolovoyiannis, V. i Lekkas, T.D: Modelowanie tworzenia się produktów ubocznych chlorowania w wodach rzecznych o różnej jakości. **Chemosfera** 55(2004)409-420

Ollis, D.F. i Al-Ekabi, H.: *Fotokatalityczne oczyszczanie i uzdatnianie wody i powietrza.* Vol. 3. Elsevier: Amsterdam, 1993

Oslo oraz Paryż Commissions. : PARCOM recommendation 94/5 concerning best available techniques and best environmental practice for wet processes in the textile processing industry. *Decyzje i zalecenia Komisji z Oslo i Paryża*, 1995, str. 78-102.

Pelizzetti, E.; Maurino, V.; Minero, C.; Carlin, V.; Tosata, M.L. i Pramauro, E.: Photocatalytic degradation of atrazine and others triazine herbicides. **Środowisko. Sci. Technol.** 24(1990)1559-1565

Pelizzetti, E.; Minero, C.; Borgarello, E.; Tinucci, L. i Serpone, N.: Aktywność fotokatalityczna i selektywność koloidów i cząstek tytanu przygotowanych techniką zol-żel: fotoutlenianie fenolu i atrazyny. **Langmuir** 9(1993)2995-3001

Peller, J.; Wiest, O. i Kamat, P.V.: Rola rodnika hydroksylowego w naprawieniu pospolitego herbicydu, kwasu 2,4-dichlorofenoksyoctowego (2,4-D). **J. Phys. Chem. A** 108(2004)10925-10933

Peller, J.; Wiest, O. i Kamat, P.V.: Sonoliza kwasu 2,4-dichlorofenoksyoctowego w roztworach wodnych. Dowody na -OH-radical-mediated degradation. **J. Phys. Chem. A** 105(2001)3176-3181

Peller, J.; Wiest, O. i Kamat, P.V.: Synergia łączenia sonolizy i fotokatalizy w degradacji i mineralizacji chlorowanych związków aromatycznych. **Środowisko. Sci. Technol.** 37(2003)1926-1932

Pérez, M.; Torrades, F.; Domènech, X. i Peral, J.: Usuwanie zanieczyszczeń organicznych w ściekach z masy papierniczej przez AOP: studium ekonomiczne. **J. Chem. Technol. Biotechnol.** 77(2002)525-532

Petrier, C.; Jiang, Y. and Lamy, M.-F. : Ultrasound and environment: sonochemical destruction of chloroaromatic derivatives. **Środowisko. Sci. Technol.** 32(1998)1316-1318

Pramauro, E.; Bianco Prevot, A.; Vincenti, M. i Brizzolesi, G. : Fotokatalityczna degradacja karbarylu w roztworach wodnych zawierających zawiesiny TiO2. **Środowisko. Sci. Technol.** 31(1997)3126-3131

Richardson, S.D; Thruston, A.D., Jr.; Collette, T.W.; Patterson, K.S.; Lykins, B.W., Jr.; oraz IrlandiaJ.C.: Identyfikacja produktów ubocznych dezynfekcji TiO2/UV w wodzie pitnej. **Środowisko. Sci. Technol.** 30(1996)3327-3334

Rositano, J.; Nicholson, B.C. i Pieronne, P..: Niszczenie toksyn sinicowych przez ozon. **Ozone Sci. Engng.** 20(1998)223-238

Ruppert, R. i Bauer, R.: Reakcja foto-Fenton - skuteczny proces fotochemicznego oczyszczania ścieków. **J. Photochem. Fotobiol. A: Chem.** 73(1993)75-78

Saltmiras, D.A. i Lemley, A.T.: Degradacja tiomocznika etylenu (ETU) za pomocą trzech procesów obróbki Fentonem. **J. Agric. Food Chem.** 48(2000)6149-6157

Serpone, N. i Colarusso, P..: Sonochemia I. Wpływ ultradźwięków na heterogeniczne reakcje chemiczne. Użyteczne narzędzie do generowania rodników i badania mechanizmów reakcji. **Res. Chem. Intermed.** 20(1994)635-679

Serpone, N. i Pelizzetti, E. : *Fotokataliza: podstawy i zastosowania.* Wiley-Interscience: Nowy Jork, 1989

Serpone, N.; Sauvé, G.; Koch, R.; Tahiri, H.; Pichat, P.; Piccinini, P.; Pelizzetti, E. i Hidaka, H.: Protokół standaryzacji efektywności procesów i parametrów aktywacyjnych w niejednorodnej fotokatalizie: względna efektywność fotoniczna ζr. **J. Photochem. Fotobiol. A: Chem.** 94(1996)191–203

Shigwedha, N.; Hua, Z. i Chen, J.: Unieruchomienie TiO2 pozwala na obecność H2O2 na starcie i zwiększa fotodegradację Acid Yellow 36 (AY-36). **J. Chem. Eng. Japonia**, 39(2006)475-480

Shu, H.; Huang, C. i Chang, M..: Odbarwianie barwników monoazo w ściekach poprzez zaawansowane procesy utleniania: studium przypadku Acid Red 1 i Acid Yellow 23. **Chemosfera** 29(1994)2597-2607

Stock, N.L.; Peller, J.; Vinodgopal, K. i Kamat, P.V.: Sonoliza kombinowana i fotokataliza do degradacji barwników tekstylnych. **Środowisko. Sci. Technol.** 34(2000)1747-1750

Sundstrom, D.W.; Weir, B.A. i Klei, H.E.: Zniszczenie zanieczyszczeń aromatycznych przez katalizowane promieniowaniem UV utlenianie nadtlenkiem wodoru. **Postęp w dziedzinie ochrony środowiska** 8(1989)6-11

Tahiri, H.; Serpone, N. i van Mao, R.L.: Zastosowanie koncepcji względnej efektywności fotonicznej i charakterystyki powierzchni nowego fotokatalizatora tytanowego przeznaczonego do remediacji środowiska. **J. Photochem. Fotobiol. A: Chem.** 93(1996)199-203

Terzian, R.; Serpone, N.; Minero, C. i Pelizzetti, E.: Fotokatalizowana mineralizacja krezoli w mediach wodnych z napromieniowanym tytanem. **J. Catal.** 128(1991)352-365

Tetzlaff, T.A. i Jenks, W.S.: Stabilność kwasu cyjanurowego do degradacji fotokatalitycznej. **Org. Lett.** 1(1999)463-466

Tobien, T.; Cooper, W.J.; Nickelsen, M.G.; Pernas, E.; O'Shea, K.E. i Asmus, K.-D. : Kontrola zapachu w oczyszczaniu ścieków: usuwanie tioanizolu z wody - modelowe studium przypadku metodą radiolizy pulsacyjnej i oczyszczania wiązką elektronów. **Środowisko. Sci. Technol.** 34(2000)1286-1291

Trotman, E.R.: Textile scouring and bleaching, Charles Griffin and Company Ltd, Londyn, 1968

Vinodgopal, K.; Bedja, I. i Kamat, P.V.: Nanostrukturalne filmy półprzewodnikowe do fotokatalizy. Fotoelektrochemiczne zachowanie się układów kompozytowych SnO2/TiO2 i ich rola w fotokatalitycznej degradacji barwnika azowego włókienniczego. **Chem. Złomek.** 8(1996)2180-2187

Vinodgopal, K.; Peller, J.; Oksana, M. and Kamat, P.V.: Ultrasoniczna mineralizacja reaktywnego barwnika azowego, czarny B. **Water Res.** 32(1998)3646-3650

Vinodgopal, K.; Stafford, U.; Gray, K.A. i Kamat, P.V.: Elektrochemicznie wspomagana fotokataliza. 2. Rola tlenu i półproduktów reakcji w degradacji 4-chlorofenolu na unieruchomionych błonach cząsteczkowych TiO2. **J. Phys. Chem.** 98(1994)6797-6803

Weavers, L.K.; Malmstadt, N. i Hoffmann, M.R.: Kinetyka i mechanizm degradacji pentachlorofenoli przez sonizację, ozonowanie i ozonowanie sonolityczne. **Środowisko. Sci. Technol.** 34(2000)1280-1285

Werner, R.H. i David, C.C.: Stałe dawki dla reakcji rodników hydroksylowych z kilkoma zanieczyszczeniami wody pitnej. **Środowisko. Sci. Technol.** 26(1992)1005-1013

Xu, X.R; Wang, W.H. i Li, H.B.: Badania nad ściekami organicznymi poprzez jednorodne utlenianie: przegląd. **Środowisko. Sprawozdanie** 4(1998)7-10 (w języku chińskim)

Yamazaki, S.; Tanimura, T.; Yoshida, A. i Hori, K.: Reakcyjny mechanizm fotokatalitycznej degradacji chlorowanych etylenów na porowatych granulkach TiO2: Cl radykalny mechanizm inicjowany. **J. Phys. Chem. A** 108(2004)5183-5188

Yang, Y.; Wyatt, D.T., II. i Bahorshky, M.: Odbarwianie barwników za pomocą fotochemicznego utleniania UV/H2O2. **Chemik Tekstylny i Kolorysta** 30(1998)27-35

Zepp, R.G.; Faust, B.C. i Holgne, J.: Tworzenie rodników hydroksylowych w reakcji wodnej. **Środowisko. Sci. Technol.** 26(1992)313-319

2

UNIERUCHOMIENIE TIO2 POZWALA NA OBECNOŚĆ H2O2 NA STARCIE I ZWIĘKSZA FOTODEGRADACJĘ ŻÓŁCI KWASOWEJ 36 (AY-36).

Rozdział ten został opublikowany w Journal of Chemical Engineering of Japan 39(2006)475-480.

2.1 Wprowadzenie

Oczyszczanie ścieków po zużyciu barwników jest jednym z najtrudniejszych problemów globalnych ze względu na kwestie eko-toksykologiczne, warunki estetyczne i wpływ tych ścieków na strumienie odbierane. Rozwiązaniem i remediacją jest rozwój nowych i efektywnych czystych technologii. Acid Yellow 36 (AY-36) został wyselekcjonowany do eksperymentów z zaawansowanymi procesami utleniania (AOP) ze względu na jego obecność w ściekach z kilku branż, takich jak: tekstylna, garbarska, papiernicza, mydlana, kosmetyczna, lakiernicza, woskowa, skórzana, itp. To jest barwnik monoazo. Zgłoszono jego toksyczność i rakotwórczy charakter.

Zgłoszono również ostrą toksyczność AY-36 dla *Heteropneustes fossilis* (Goel i Gupta, 1995; Malik, 2003). Poza śmiertelnością, inne negatywne skutki AY-36 dla badanych ryb obejmowały utratę masy ciała, zmiany w kolorystyce ciała, niepokój, szarpnięcia i przypadkowe ruchy. Budowa chemiczna AY-36 została przedstawiona na rysunku 2-1. Barwniki azowe zajmują drugie miejsce po polimerach pod względem liczby nowych związków chemicznych zgłoszonych do rejestracji w rejestrze. Stany Zjednoczone na mocy ustawy o kontroli substancji toksycznych (Brown i DeVito, 1993).

Najbardziej realną alternatywą jest przekształcenie związków zawartych w toksycznych ściekach w związki nieszkodliwe (Weber i LeBoeuf, 1999).

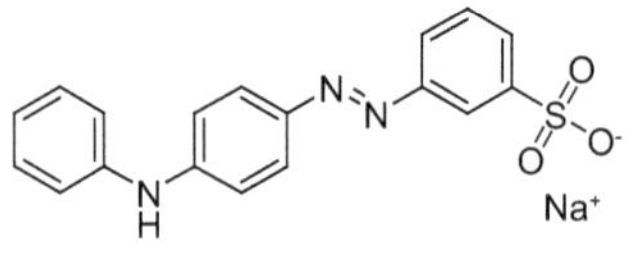

Rysunek 2-1: Struktura chemiczna Acid Yellow 36 (C.I.13065): C18H14N3NaO3S.

AOP oparte na UV-H2O2 wykazały wysoką wydajność degradacji kilku związków istotnych dla środowiska (Benitez *i in.* , 2000; Galindo i Kalt, 1999; Kunz *i in.*, 2002). W tym celu w ciągu 25 lat rozważano przeprowadzenie fotokatalizy, w której napromienianie pasmowe jako mikroreaktor służący do jednoczesnej redukcji i utleniania jest rozważane, ponieważ rekalkitrantowe gatunki toksyczne mogą zostać przekształcone w krótkim czasie reakcji (Hoffmann *i in.*, 1995; Linsebigler i in., 1995; Mills and Le Hunte, 1997; Hufschmidt *i in.*, 2004).

Do tej pory badano proces fotodegradacji za pomocą niejednorodnych układów wykorzystujących półprzewodniki metaliczne zawieszone w świetle ultrafioletowym. Chociaż H2O2 zwykle nie jest dodawany do fotokatalizy, gdy H2O2 jest dodawany po rozpoczęciu procesu, wydajność jest dalej zwiększana (Kiwi, 1994). Jednak jednym z problemów z tą metodą jest oddzielenie półprzewodnika od uwalniania ścieków. Sprawia to, że pomiar ilości konwersji jest problematyczny. Co więcej, obawy o rekombinację i konkurencję pasm elektronowych opóźniają wprowadzenie H2O2. W ten sposób metaliczny półprzewodnik został unieruchomiony jako cienka warstwa wewnątrz reaktora fotokatalitycznego. Unieruchomienie fotokatalizatora i zastosowanie H2O2FS sprawia, że pomiary są proste, a całkowite konwersje stałe.

W tym rozdziale opracowano układ UV-H2O2FS-TiO2 wykorzystujący reaktor fotokatalityczny z przepływem pierścieniowym do odbarwiania i mineralizacji barwników azowych. Pożądany rezultat tego systemu stanowi zaletę dla przemysłu tekstylnego w zakresie najbardziej efektywnej i skutecznej zaawansowanej technologii oksydacyjnej do oczyszczania dużej ilości ścieków.

2.2 Procedury eksperymentalne

2.2.1 Immobilizacja dwutlenku tytanu

W pracy tej TiO2 zostało unieruchomione w cienkiej warstwie, jak pokazano na rysunku 2-2, i prowadzi badania nad katalizowaniem i utlenianiem ścieków tekstylnych w obecności stężenia atomowego H2O2 od początku (H2O2FS). Przygotowanie proszku TiO2, roztworu powlekającego TiO2 oraz pokrycie wewnętrznej powierzchni rurki szklanej Pyrex cienką folią TiO2 odbyło się w następujący sposób:

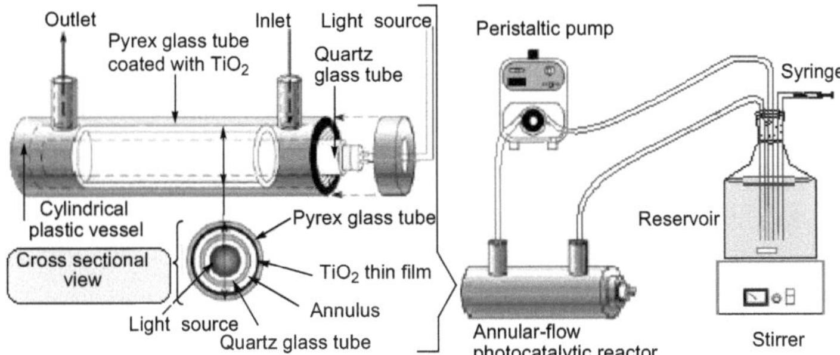

Rysunek 2-2: Reaktor fotokatalityczny z przepływem pierścieniowym i jego układ recyrkulacji wsadu

2.2.1.1 Przygotowanie amorficznego proszku TiO2

Amorficzny proszek TiO2 został przygotowany w następujący sposób (Matsuo *i in.*, 1990):

(1) Tetra-izopropoksydu tytanu (TIP) i metanolu, 2-propanolu (IPA) zmieszano w stosunku molowym 1:5 (na przykład 29,69 g TIP/ 31,39 g IPA) w temperaturze 5°C przez 2 h.

(2) Do tego roztworu dodawano powoli, przez ponad 10 minut, wodny roztwór IPA w stosunku molowym 5:4 (na przykład 31,39 g IPA i 7,53 g wody ultraczystej), a otrzymany roztwór,

składający się z TIP, IPA i H2O w stosunku molowym 1:10:4, mieszano przez 4 godziny; w rezultacie otrzymano biały roztwór zawierający amorficzne drobne cząstki TiO2.

(3) Roztwór o białej barwie został przefiltrowany pod wpływem odsysania, a ciasto z amorficznych cząstek TiO2 pozostających na filtrze zostało wysuszone w temperaturze 100°C przez 5 godzin, czasami rozbijając się na kawałki małym młotkiem.

(4) Po odpowiednim uderzeniu w moździerz, otrzymany proszek TiO2 suszono w temperaturze 100 °C przez 15 godzin.

(5) Tak przygotowany amorficzny drobny proszek TiO2 był przechowywany w eksykatorze z żelem krzemionkowym do następnego użycia.

2.2.1.2 Przygotowanie roztworu powłoki TiO2

Roztwór powlekający TiO2 został przygotowany w następujący sposób (Wang *i in.*, 2002; Matsuo i *in.*, 1990; Xu i Shiraishi, 1999; Wang i Shiraishi, 2002; Fukinbara i *in., 2001*; Fukinbara i Shiraishi, 2001):

(1) Amunorficzny proszek TiO2 dodano do 30 % wodnego roztworu H2O2 (objętość 2,0 × 10-5 ^{m3} na jeden gram proszku TiO2) i dobrze wymieszano w temperaturze 25 °C przez dwie godziny; proszek TiO2 został w ten sposób całkowicie rozpuszczony w roztworze wodnym z powstającymi pęcherzykami powietrza.

(2) Mieszaninę pozostawiono do czasu żelatynizacji w temperaturze pokojowej.

(3) Zelatynowany roztwór został ponownie rozpuszczony przez dodanie 30% wodnego roztworu H2O2 (objętość 1,2 × 10-4 ^{m3} na jeden gram TiO2) i zmieszany w temperaturze 25°C przez 12 godzin.

(4) Rozwiązanie to pozostawało przez około 50 godzin, aż do ustania generacji pęcherzyków.

(5) Otrzymany w ten sposób przezroczysty roztwór TiO2 o jasnożółtym kolorze został użyty jako roztwór do powlekania. Ponieważ roztwór ten był po pewnym czasie łatwo żelatynowany, a przed użyciem został ponownie rozpuszczony przez dodanie niewielkiej ilości roztworu H2O2.

2.2.1.3 Powlekanie wewnętrznej powierzchni rurki szklanej cienką warstwą TiO2

Wewnętrzna powierzchnia szklanej rury została pokryta cienką warstwą TiO2 zgodnie z następującą procedurą (Wang *i in.*, 2002; Matsuo i *in.*, 1990; Xu i Shiraishi, 1999; Wang i Shiraishi, 2002; Fukinbara i *in., 2001*; Fukinbara i Shiraishi, 2001).

(1) Rurkę szklaną Pyrex (o średnicy wewnętrznej 28,5 mm, grubości ścianki 1,8 mm i długości 140 mm) płukano ultradźwiękami w IPA przez 3 minuty, płukano we wrzącej wodzie destylowanej i suszono w temperaturze 100°C.

(2) Roztwór powlekający TiO2 został równomiernie nałożony pędzlem na wewnętrzną powierzchnię szklanej rurki, a następnie podgrzewano go w temperaturze 400°C przez 30 minut. Ta sama procedura została powtórzona cztery razy.

(3) Po jeszcze jednej aplikacji roztworu powlekającego, szklaną rurkę podgrzewano przez 1 h w temperaturze 500 °C. W rezultacie otrzymano szklaną rurkę, której wewnętrzna powierzchnia została pokryta przezroczystą cienką warstwą anatazy TiO2.

2.2.2 Fotokatalityczna metoda działania

Reaktor fotokatalityczny, zbiornik i pompa perystaltyczna (BT00600M-; Lange Electric Co.) zostały połączone w pętlę, jak pokazano na rysunku 2-2. 400 ml wodnego roztworu barwnika AY-36 (Sigma-Aldrich Co.) przygotowanego w stężeniu 50 mg/L i 1 ml H2O2 (Shanghai Chemicals Reagents Co.) wlać do zbiornika, a następnie recyrkulować z prędkością przepływu 1 l/min w zamkniętym systemie recyrkulacji wsadowej. Wodny roztwór barwnika był najpierw recyrkulowany w ciemności przez 5 minut. Było to wystarczająco dużo czasu, aby osiągnąć zrównoważoną adsorpcję AY-36 na unieruchomionej cienkiej folii TiO2 w reaktorze. Tlen nie był dostarczany do systemu. Reakcję rozpoczęto wówczas od włączenia lampy UV (GL-6 W, $\lambda = 254$; Sankyo Electric Co.) w reaktorze. Woda dejonizowana była używana we wszystkich strumieniach. Efekt temperaturowy był znikomy. Przygotowanie proszku TiO2, roztworu powlekającego TiO2 oraz pokrycie wewnętrznej powierzchni rurki szklanej Pyrex cienką warstwą TiO2 zostało przygotowane w sposób opisany w punkcie 2.2.1 niniejszej pracy.

2.2.3 Analizy

Wzorce fotodegradacji AY-36 mierzono za pomocą spektrofotometru UV-Vis (2450, Shimadzu: Corp.). Wydajność została oceniona na podstawie redukcji TOC, przy użyciu analizator liquiTOC (Elementar Co.). Mineralizacja roztworów wodnych została określona przez HPLC (1100, Agilent Technologies, Inc.), zgodnie z następującymi warunkami instrumentalnymi: Kolumna: C8 (150 x 3.9); Faza ruchoma: metanol (CH3OH): woda: (80:20) (v/v)); Temp: 30°C; natężenie przepływu: 1 mL/min; detektor UV-DAD: 440 nm.

Analizy kolorystyczne wykonywano po pobraniu próbki przez 75 minut w odstępach 15 minutowych. Do pomiarów spektrofotometrycznych wybrano maksymalną długość fali absorpcyjnej wynoszącą 438 nm. Wartości pH próbek nie zostały dostosowane do żadnej wartości (powód zostanie podany później). Ekstra-H2O2 wykryty w systemie został zdiagnozowany za pomocą niedawno wprowadzonej metody enzymatycznej (Shiraishi *i in.* , 2003) przy użyciu dostępnego w handlu odczynnika analitycznego (Glukoza B Test Wako, Wako Pure Chemical Industries, Ltd.).

2.3 Wyniki i dyskusja

Rysunek 2-3 przedstawia zależne od czasu widma UV-Vis AY-36 po kilku minutach leczenia. Szybkość fotodegradacji do 450 min na rysunku 2-3(a) wynika głównie z unieruchomionego TiO2. Ta ostatnia została oceniona poprzez usunięcie szkła TiO2 Pyrex w tych samych warunkach doświadczalnych i porównana z kontrolą. Rysunek 2-3 lit. b) przedstawia ograniczone szybkości fotodegradacji, osiągające maksymalne szybkości degradacji w ciągu 360 min, po czym nie odnotowano ich dalszego wzrostu.

Anataza, TiO2 (*Ebg* ~3,2 eV), materiał o najwyższej skuteczności detoksykacji fotokatalitycznej, jest półprzewodnikiem o szerokim pasmie przenoszenia. Tak więc tylko światło poniżej 400 nm jest pochłaniane i zdolne do tworzenia par otworów elektronowych, które są warunkiem wstępnym dla procesu fotokatalitycznego (Dillert i Bahnemann, 1994). Jego obojętne właściwości, niskie koszty i skuteczność spowodowały, że badania w tej dziedzinie są kontynuowane (Peller *i in.*, 2004). H2O2FS (*E0* = 1,78 V) służy jako inicjator reakcji rodnikowych oraz jako źródło tlenu i przyspiesza procesy fotodegradacji.

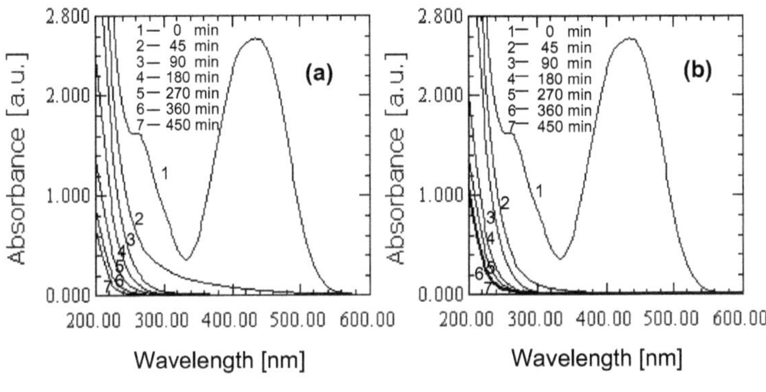

Rysunek 2-3: Widma absorpcji AY-36 (50 mg/L).
(a): UV-H2O2FS-TiO2 ; (b): UV-H2O2FS

Na rys. 2-4 można również zaobserwować, że proces fotodegradacji, mierzony jako redukcja zawartości TOC, jest bardzo szybko ułatwiony przez TiO2, osiągając stopień degradacji wyższy niż 90% w czasie reakcji 450 min. System UV-H2O2FS powodował degradację na poziomie około 60%, podczas gdy działanie samego UV lub kombinacji UV i TiO2 nie wykazywało znaczącej zdolności do degradacji. Fakt, że nie zaobserwowano redukcji TOC w dwóch ostatnich procesach, potwierdza istotną rolę H2O2FS i sugeruje istnienie mechanizmów, które bezpośrednio wiążą się z jego udziałem.

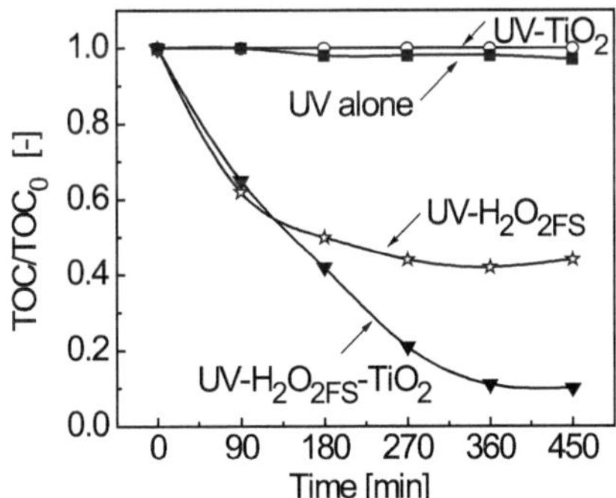

Rysunek 2-4: Zmniejszenie emisji TOC poprzez zastosowanie badanych procesów

Mineralizacja kolorowych próbek wodnych była prawie zakończona dla systemu UV-H2O2FS-TiO2 w ciągu pierwszych 45 minut, jak pokazano na wykresie HPLC na Rysunku 2-5(a). Jednakże system UV-H2O2FS zdegradował wyższe składniki barwnika w ciągu 90 minut (rysunek 2-5b). Co ciekawe, oba systemy były w stanie wytwarzać rodniki hydroksylowe (HO-) ze swoich układów, ale mogły wytwarzać różne produkty, co wskazuje na heterofotodegradację.

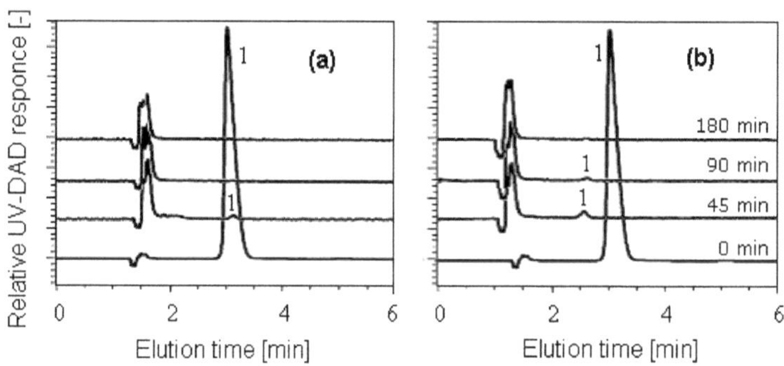

Rysunek 2-5: widma HPLC AY-36 (50 mg/L). (a): UV-H2O2FS-TiO2 ; (b): UV-H2O2FS; 1: Szczyt AY-36

Na rycinie 2-6 przedstawiono odbarwianie roztworów AY-36 przez badane procesy po 75 min leczenia. Mając na uwadze rekombinację otworów elektronowych, przeprowadzono ją w celu określenia, który z dwóch systemów może szybciej usunąć kolor. Roztwory kolorowe zostały szybko odbarwione w ciągu pierwszych 30-60 minut przez system UV-H2O2FS, ale w ciągu następnych 15 minut zrównały się z systemem UV-H2O2FS-TiO2.

Jak zaobserwowano we wszystkich naszych eksperymentach, obecność TiO2 reagowała od początku powoli. Za powód można uznać intensywność kolorów AY-36 zaadsorbowanych na cienkiej warstwie TiO2. Co więcej, absorpcja fotonu w unieruchomionym TiO2 jako drugi krok przyczynia się do tego wstępnego procesu degradacji foto-chemiczno-katalitycznej. Inne- jony AY36- (siarczany, sód, itp.) również prawdopodobnie adsorbują się do cienkiej warstwy TiO2, doprowadzając w ten sposób do bliskiego kontaktu z HO· (*E0* = 2,80 V). Zakłada to jednak, że jony te przyczyniają się również do spowolnienia procesu pierwotnego

AY-36. W obecności H2O2FS, fotokataliza prowadzi do powstania par otworów elektronowych, które podlegają kolejnym reakcjom redoksowym (Np. (2.1)).

$$TiO_2(e^-_{CB} + h^+_{VB}) \xrightarrow{H_2O_{2FS}} \text{redox reaction} \tag{2.1}$$

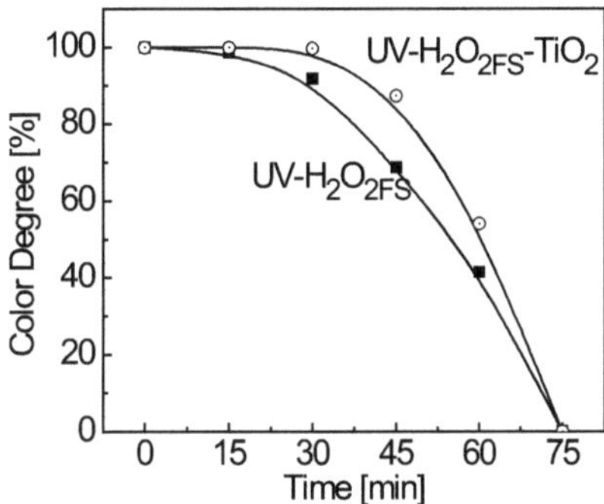

Rysunek 2-6: Eksperymenty konkurencyjne w zakresie odbarwiania barwnika AY-36 rozwiązania przez badane procesy: Ao - At / Ao × 100

Należy podkreślić, że jak pokazano na rys. 2-4, systemy UVTiO2 i same systemy UV nie powodują żadnej znaczącej zdolności do fotodegradacji. Fakt ten został również potwierdzony poprzez zastosowanie spektrofotometrii HPLC i UV-Vis. W związku z tym ich mechanizmy zostały zaniedbane. Uśpiona redukcja zawartości TOC w przypadku UV-TiO2 wydaje się być niewytłumaczalnym wynikiem. Jeżeli jednak uznamy, że fotokataliza została wykonana w warunkach beztlenowych, to żadna para ciągła z otworami elektronowymi nie może być fotogenizowana. Tworzenie się rodników kationowych podłoża AY-36, po przeniesieniu z niego elektronów do wzbudzonej cienkiej warstwy TiO2 przy braku H2O2FS, charakteryzuje się zawartością TOC w układzie UV-TiO2.

W związku z tym sam efekt promieniowania UV-TiO2 lub UV nie mógł zostać poddany żadnemu fotokatalitycznemu mechanizmowi przenoszenia ładunku w celu utworzenia HO-. Redukcję TOC AY-36 w systemie UV-H2O2FS można wytłumaczyć reakcją z HO-em wytwarzanym w wyniku fotolizy wody (Np. (2.2); Kunz *i in.*, 2002). W przypadku systemu UV-H2O2FS-TiO2, uwięzione otwory w TiO2 (Np. (2.3); Bahnemann, 1999) mogą bezpośrednio indukować utlenianie lub mogą ulec przeniesieniu ładunku z zaabsorbowaną cząsteczką wody, ostatecznie doprowadzić do powstania rodników hydroksylowych (Np. (2.4)), które mogą wyizolować atom wodoru ze słabych wiązań C-H i reagować z wieloma wiązaniami, w tym reakcjami z systemem aromatycznym.

Uważa się, że lepsze osiągi w unieruchomionym TiO2 są wynikiem tych ataków na otwory HO i fotogeneracji. Co więcej, otwory mogą być również poddawane transferowi ładunków za pomocą gatunków związanych powierzchniowo z wodorotlenkami, tworząc ostatecznie HO- (Np. (2.5); Kiwi, 1994; Peller *i in.,* 2004). I odwrotnie, wiadomo, że w obecności zarówno rozpuszczonego gazu O2, jak i H2O2 (Singh *i in*., 2003), fotogenerowane elektrony mogą zostać wydobyte. Dlatego też rekombinacja otworów elektronowych w obecności H2O2FS i rozpuszczonego gazu O2 wydaje się być możliwa do kontrolowania w unieruchomionej cienkiej warstwie TiO2.

$$H_2O + h\nu \xrightarrow{\lambda=254\ nm} H^{\bullet} + HO^{\bullet} \qquad (2.2)$$

$$2H_2O + 2h^+_{VB} \rightarrow H_2O_2 + 2H^+ \qquad (2.3)$$

$$H_2O_2 + e^-_{CB} \rightarrow HO^{\bullet} + OH^- \qquad (2.4)$$

$$h^+_{VB} + OH^- \rightarrow HO^{\bullet}_{surf} \qquad (2.5)$$

Tworzenie i rozkład ekstra-H2O2 w obecności H2O2FS zilustrowano na rysunku 2-7. Podwójne stężenie H2O2FS przed napromieniowaniem wynosiło 0,245 × $^{10-\ 1}$ mol L- ^{1}. Tworzenie się pozah2O2 może być wyjaśnione zgodnie z "modelem kinetycznym biednego człowieka" (Dillert i Bahnemann, 1994) po powstaniu O2 - *poprzez równanie* (2.6). Extra-H2O2 jest bezsprzecznie wynikiem późniejszej redukcji (np. 2.7). Na unieruchomionym TiO2, Eq. (2.3) został potwierdzony w celu wsparcia tworzenia się pozagiełdowego H2O2.

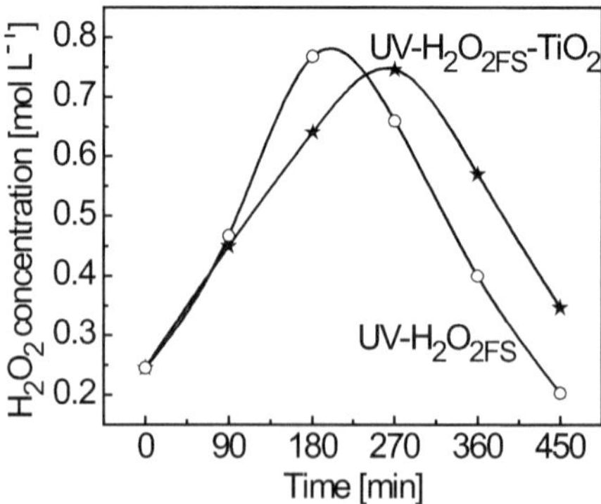

Rysunek 2-7: Przebiegi czasowe stężeń pozagrupowych H2O2 utworzony podczas fotodegradacji AY-36

Uważa się, że fotokatalityczny i fotolityczny rozkład H2O2 zachodzi równolegle z powstawaniem H2O2. Pierwszy rozkład odbywa się zgodnie ze współczynnikami (2.4) i (2.8), a drugi pod wpływem napromieniowania światłem UV zgodnie ze współczynnikami (2.9). Ponadto, wyniki eksperymentalne dla fotolizy UV H2O2 (Guittonneau *i in.* , 1988) sugerowały równania (2.10) i (2.11) dla fotolizy H2O2 w roztworze wodnym.

$$O_2 + e^- \rightarrow O_2^{\bullet -} \quad (2.6)$$

$$e^- + O_2^{\bullet -} + 2H^+ \rightarrow H_2O_2 \quad (2.7)$$

$$H_2O_2 + O_2^{\bullet -} \rightarrow HO^{\bullet} + OH^- + O_2 \quad (2.8)$$

$$H_2O_2 \xrightarrow{hv} HO^{\bullet} \quad (2.9)$$

$$HO^{\bullet} + H_2O_2 \rightarrow HO_2^{\bullet} + H_2O \quad (2.10)$$

$$HO^{\bullet} + HO_2^{\bullet} \rightarrow H_2O + O_2 \quad (2.11)$$

Rysunek 2-8 pokazał zmiany pH na unieruchomionym TiO2 i w porównaniu z systemem UV-H2O2FS. Wyniki pokazują znaczny wzrost pH w sposób mniej więcej liniowy od 3,02 do 4,25; podczas gdy w przypadku braku TiO2, pH drastycznie wzrosło do 4,00 przez pierwsze 270 minut, a następnie spadło do 3,65 pod koniec reakcji. Rozkład kwasowości AY-36 przy unieruchomionym TiO2 jest potwierdzony przez ten stały wzrost pH. W praktycznych zabiegach AOP charakteryzują się wysoką wydajnością i silną zdolnością utleniania, ale ich kontrola pH jest kosztowna. Ogólnie rzecz biorąc, stosowany zakres pH ścieków jest wąski (2,5-5,5). Ponieważ jednak pH roztworów wodnych AY-36 traktowanych w tej pracy mieści się w tym zakresie, nie było potrzeby korygowania wartości pH.

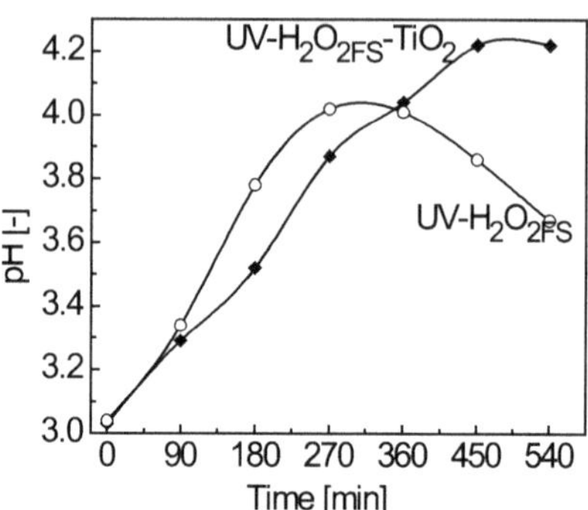

Rysunek 2-8: Zmiany pH podczas fotodegradacji AY36- (50 mg/L)

Fotodegradacja UV-H2O2FS-TiO2 AY-36 została opracowana z wykorzystaniem unieruchomionych TiO2 i H2O2 - od początku. System wykazuje bardzo znaczną redukcję TOC (90%), co jest ekscytującym wynikiem, który stanowi nową, alternatywną metodę leczenia tego rodzaju związków. Pozwala to na całkowite odbarwienie i całkowitą mineralizację AY-36 w czasie reakcji 75 min. Tworzy on i rozkłada extra-H2O2 równolegle z fotodegradacją AY-36. System ten nie pozwala na regulację pH, ani na wpływ temperatury na wydajność w zakresie tych parametrów, które zostały przetestowane. Ułatwia to pomiary, a ilość substancji toksycznych przekształcana jest w sposób bezproblemowy i nieszkodliwy.

2.4 Odniesienia

Bahnemann, D..: Fotokatalityczna detoksykacja zanieczyszczonych wód. W: Boule, P. (ed) *The handbook of environmental chemicalstry, Vol.2, Part L, Environmental Photochemistry*, Springer, Berlin, 1999, p 286-351

Benitez, F.J.; Beltran-Heredia, J.; Acero, J.L. i Rubio, F.J.: Wkład wolnych rodników w rozkład chlorofenoli poprzez kilka zaawansowanych procesów utleniania. **Chemosfera** 41(2000)1271-1277

Brown, M.A. i DeVito, S.C.: Przewidywanie toksyczności barwnika azowego. **Krytyczne. Rev. Env. Sci. Technol.** 23(1993)249-324

Dillert, R. i Bahnemann, D..: Fotokatalityczna degradacja zanieczyszczeń organicznych: Mechanizmy i zastosowania solarne. **Biuletyn informacyjny EPA** 52(1994)33-52

Fukinbara, S. i Shiraishi, F.: Charakterystyka reaktora fotokatalitycznego z pierścieniowym układem rur szklanych otaczających źródło światła: 2. analiza kinetyczna. **CELS J.** 13(2001)11-23

Fukinbara, S.; Shiraishi, F. i Nakano, K.: Charakterystyka reaktora fotokatalitycznego z pierścieniowym układem rurek szklanych otaczających źródło światła: 1. Wybór źródła światła i podpory fotokatalizatora. **CELS J.** 13(2001)1-10

Galindo, C. i Kalt, A.: UV/H2O2 utlenianie barwników azowych w środowisku wodnym: Dowody na istnienie związku pomiędzy strukturą a degradacją. Barwniki **Pigmenty** 42(1999)199-207

Goel, K.A. i Gupta, K.: Ostra toksyczność kwaśnej żółci 36 do *Heteropneustes fossilis.* **Indian Journal of Environmental Health** 27(1995)266-269

Guittonneau, S.; De Laat, J.; Dore, M.; Duguet J.P. i Bonnel, C..: Badanie porównawcze fotodegradacji związków aromatycznych w wodzie za pomocą UV i H2O2/UV. **Środowisko. Technol. Listy** 9(1988)1115-1128

Hoffmann, M.R.; Martin, S.T.; Choi, W. and Bahnemann, D.W.: Środowiskowe zastosowania fotokatalizy półprzewodnikowej. **Chem. Rev.** 95(1995)69-96

Hufschmidt, D.; Liu, L.; Selzer, V. i Bahnemann, D..: Fotokatalityczne uzdatnianie wody: Podstawowa wiedza wymagana do jego praktycznego zastosowania. **Water Sci. Technol.** 49(2004)135-140

Kiwi, J.: Rola tlenu na granicy TiO2 podczas fotodegradacji biologicznie trudnych do zdegradacji barwników antrachinonowo-sulfonowych. **Środowisko. Toxicol. Chem.** 13(1994)1569-1575

Kunz, A.; Peralta-Zamora, P. i Durán, N.: nadtlenek wodoru wspomagany degradacją fotochemiczną kwasu etylenodiaminotetraoctowego. **Adv. Environ. Res.** 7(2002)197-202

Linsebigler, A.L.; Lu, G. i Yates, Jr., J.T.: Fotokataliza na powierzchni TiO2: Zasady, mechanizm i wybrane wyniki. **Chem. Rev.** 95(1995)735-758

Malik, P.K.: Zastosowanie węgli aktywnych przygotowanych z trocin i ryżu-husk do adsorpcji barwników kwasowych: Studium przypadku kwasowej żółci 36. **Barwniki Pigmenty** 56(2003)239-249

Matsuo, K.; Takeshita, T. i Nakano, K.: Formowanie cienkich warstw poprzez leczenie amorficznym tytanem za pomocą H2O2. **J. Cryst. Wzrost** 99(1990)621-624

Mills, A. i Le Hunte, S.: Przegląd fotokataliz półprzewodnikowych. **J. Photochem. Fotobiol. A: Chem.** 108(1997)1-35

Peller, J.; Wiest, O. i Kamat, P.V.: Rola rodnika hydroksylowego w naprawieniu pospolitego herbicydu, kwasu 2,4-dichlorofenoksyoctowego (2,4-D). **J. Phys. Chem. A** 108(2004)10925-10933

Shiraishi, F.; Nakasako, T. i Hua Z. : Formowanie nadtlenku wodoru w reakcjach fotokatalitycznych. **J. Phys. Chem. A** 107(2003)11072-11081

Singh, H.K.; Muneer, M. i Bahnemann, D..: Fotokatalizowana degradacja pochodnej herbicydu, bromacylu, w wodnych zawiesinach dwutlenku tytanu. **J. Photochem. Fotobiol. Sci.** 2(2003)2:151-156

Wang, S. i Shiraishi, F.: Rozkład kwasu mrówkowego w dwóch typach reaktorów fotokatalitycznych: wpływ oporu błony dyfuzyjnej i penetracji światła UV na szybkość rozkładu. **Ekoinżynieria** 14(2002)9-17

Wang, S.; Shiraishi, F. i Nakano, K.: Dekompozycja kwasu mrówkowego w reaktorze fotokatalitycznym z równoległym układem czterech źródeł światła. **J. Chem. Technol. Biotechnol.** 77(2002)805-810

Weber, W.J. i LeBoeuf, E.J.: Procesy zaawansowanego oczyszczania wody. **Water Sci. Technol.** 40(1999)11-20

Xu, J.-H. i Shiraishi, F.: Fotokatalityczny rozkład aldehydu octowego w powietrzu nad dwutlenkiem tytanu. **J. Chem. Tech. Biotechnol.** 74(1999)1096-1100

3

NOWY POMIAR KINETYCZNY FOTONÓW WYWOŁANY UWZGLĘDNIENIEM KINETYKI PAR OTWORÓW ELEKTRONOWYCH W PROCESIE FOTODEGRADACJI ŚCIEKÓW TEKSTYLNYCH PRZY UŻYCIU PROCESU UV-H2O2FS-TIO2

Journal of Environmental Sciences, w prasie

3.1 Wprowadzenie

Przemysł włókienniczy jest największym konsumentem barwników organicznych i oczekuje się, że 10-15% barwnika jest tracone podczas procesu barwienia i uwalniane jako ścieki. Związki te są jednak zazwyczaj rekalkitacyjne lub wykazują bardzo niską kinetykę degradacji dla konwencjonalnych procesów biologicznych. Ścieki końcowe (po oczyszczeniu) nadal mają bardzo intensywne zabarwienie (Bahorsky *i in.*, 1995; Wu *i in.*, 1996; Kunz *i in.* , 2001). Są one również zaprojektowane tak, aby były odporne na fotodegradację (Forgacs *i in.*, 2004). Jednakże w procesie UV-H2O2FS-TiO2 tempo rozkładu barwnika jest szybkie, a końcowy odciek jest wyraźny (Shigwedha *i in.*, 2006).

W tym ostatnim procesie fotokatalitycznym, półprzewodnik został unieruchomiony w cienkiej warstwie. Przy oświetleniu o odpowiednich częstotliwościach UV, elektrony w półprzewodniku były wzbudzane z pasma walencyjnego do pasma przewodzenia, dając pary otworów na elektrony, które są warunkiem koniecznym do fotokatalizy. Fotogenerowane otwory w TiO2 mogą bezpośrednio indukować oksydację lub przechodzić ładunek z wchłoniętą cząsteczką wody, prowadząc ostatecznie do powstania rodników HO ($E0$ = 2,80 V). Reakcje tej pary otworów elektronowych z różnymi akceptorami i dawcami elektronów oraz procesy rekombinacji otworów elektronowych zostały dobrze zbadane (Rothenberger *i in.*, 1985; Fox, 1991).

Fotokatalizator TiO2 w unieruchomionej formie jest ekonomiczny, wykazuje wysoką stabilność w roztworach wodnych, nie ulega fotokorozyjności przy oświetleniu szczeliny pasmowej i posiada wyjątkowe właściwości powierzchniowe do oczyszczania ścieków na większą skalę (Arabatzis *i in.*, 2002; Noorjahan *i in.* , 2003). Zastosowanie H2O2FS w fotokatalizie zostało podyktowane myśleniem o kinetyce par otworów elektronowych opisanej w poprzednim rozdziale (rozdział 2). Myśleliśmy, że H2O2FS poprawi fotodegradację w stałym tempie. Wskazanie to było bardziej krytyczne dla pomiaru kinetyki pary elektronowo-dziurkowej niż stężenie barwników. W takim przypadku, obecność H2O2FS powinna przyspieszyć proces, ponieważ: (1) zapobiega rekombinacji otworów elektronowych; (2) zapobiega konkurencji pasm elektronów; (3) wspomaga tworzenie się extraH2O2 i jego rozkład; (4) służy jako inicjator reakcji rodnikowej, źródło tlenu i przyspiesza procesy fotodegradacji; (5) ułatwia pomiary i całkowitą konwersję, gdy TiO2 jest unieruchomiony; (6) nie niszczy unieruchomionego fotokatalizatora; oraz (7) powinien również zmniejszyć opór dyfuzyjny filmu.

Literatura zawiera wykorzystanie względnej efektywności fotonicznej jako sposobu porównywania procesów fotochemicznych (Tahiri *i in.*, 1996; Serpone *i in.*, 1996; Malato *i in.*, 2000). Inne pojęcie globalnej sprawności fotonicznej, które odnosi się do mineralizacji i początkowej szybkości degradacji wprowadzone przez Medina-Valtierra *i in.* (2005), zostało zaadaptowane ze względnej sprawności fotonicznej w celu uzupełnienia porównania sprawności procesu z różnymi fotokatalizatorami w tych samych warunkach doświadczalnych. Metody te pozwalają uniknąć poznania ilości fotonów wchłanianych przez fotokatalizator i ogólnie osłabiają inne niezidentyfikowane aspekty. Jednakże w innych badaniach rozważano zmiany dotyczące zaabsorbowanego strumienia fotonów (Wang *i in.*, 2002a). Niektórzy badacze zalecają stosowanie stałych prędkości formalnych w procesie fotodegradacji substratów organicznych jako miernika wydajności fotoutleniania (Sabin *et al.*, 1992).

Aby zmierzyć kinetykę, zdecydowaliśmy się na pomiar CPT-ów, czyli krytycznych czasów fotonicznych. Szybkość tworzenia się par otworów elektronowych można przewidzieć na podstawie CPT podczas fotokatalitycznej degradacji barwników w wodzie. CPT to czasy ekspozycji na promieniowanie UV wymagane do spowodowania 90% oscylacji pomiędzy wiązaniami podwójnymi i pojedynczymi wzdłuż łańcucha molekularnego barwników, które mają być utlenione. Ten środek kinetyczno-pomiarowy został wybrany, ponieważ udało nam się zaobserwować, że gdy stężenie barwników w wodzie jest rzędu lub mniej niż 70 mg/L, nie ma znaczącej różnicy między stężeniem barwnika w cieczy luzem i na powierzchni fotokatalizatora, zmniejszając tym samym znacznie szybkość odbarwiania. Doprowadziło to do kinetycznej analizy procesu kinetyki reakcji fotokatalitycznych niezależnie od struktury i stężenia barwników zbiorczych w ściekach tekstylnych przed ich oczyszczeniem. Procedura CPT nie wymaga identyfikacji barwników w ściekach. Derywatyzacja CPT w niniejszym rozdziale przewiduje kinetykę rozkładu barwników wielu różnych barwników tekstylnych wynikającą ze znacznie pełniejszego zakresu częstotliwości UV niż w poprzednich pracach. Zakres częstotliwości UV wynosi od 400 do 150 nm, co obejmuje całe cztery obszary spektralne UV. Różne lampy UV mają różne CPT. Przeanalizowaliśmy proces odbarwiania zarówno ścieków syntetycznych, jak i rzeczywistych ścieków tekstylnych z lokalnej fabryki barwienia tkanin, zawierających kilka nieznanych nam barwników. Wykonano również kinetykę odbarwiania czystych barwników. Równania oparte na CPT z powodzeniem przewidywały sprawność częstotliwości UV w badanych przypadkach.

W następnym rozdziale (rozdział 4) wykorzystaliśmy kineskopy do..: (1) przewidywać czasową obserwację pierwotnego procesu fotokatalitycznego zachodzącego podczas całkowitego odbarwiania

poszczególnych barwników; 2) przewidzieć oporność barwników tekstylnych; 3) ocenić wydajność fotonów (PEhv) dla różnych lamp UV; oraz 4) ocenić niedobór fotonów (PDhv) w lampach UV.

3.2 Procedury eksperymentalne

3.2.1 Odczynnik i źródła światła

30% (v/v) wodny roztwór H2O2 został zakupiony od Shanghai Chemicals Reagent Company. H2O2 był odczynnikiem laboratoryjnym. Jako źródło światła wykorzystano pięć monochromatycznych lamp UV (6 W każda): 1) świetlówka czarno-biała (BL-B) o długości fali 389 nm (FL6BLB-, Matsushita Electric Industrial Co., Ltd., Osaka); 2) świetlówka niebiesko-jasna (UVB-) o długości fali 313 nm (S8T4B, Jiangyin UV Development Electric Co, Wuxi); 3) lampy bakteriobójczej (GL6-) o długości fali 254 nm (GL6-, Sankyo Electric Co., Tokio); 4) lampy bakteriobójczej (UVC-) o długości fali 222 nm (S212T3, Jiangyin UV Development Electric Co., Wuxi); oraz 5) lampy próżniowej (O3L-) o długości fali 185 nm (Jiangyin UV Development Electric Co., Wuxi). Okulary cienkowarstwowe -TiO2 zostały dostarczone przez Kyushu Institute of Technology (Japonia).

3.2.2 Układ reaktora fotokatalitycznego i sposób jego działania

Reaktor fotokatalityczny (Shiraishi *i in.*, 2003), zbiornik i pompa perystaltyczna (BT00600M-; Lange Electric Co.) zostały połączone w pętlę i recyrkulowane w zamkniętym systemie recyrkulacji wsadowej, jak pokazano na rysunku 2-2. Kinetykę odbarwiania przeprowadzono na 400 mL każdego zabiegu przy naturalnych wartościach pH (od 6,54 do 9,63). pH roztworów zostało zmierzone za pomocą- pehametru o dokładności PHS2C-. pH roztworu zostało dostosowane do pożądanej wartości przez dodanie wodorotlenku sodu lub kwasu siarkowego. Jednakże wartości pH roztworów testowych użytych w tym badaniu nie zostały skorygowane do żadnej wartości. Barwne roztwory, dozowane z 1 mL H2O2, były najpierw recyrkulowane z przepływem 1,2 L/min w ciemności przez 5 min. Tym razem był to czas wystarczający do osiągnięcia równomiernej adsorpcji barwników na unieruchomionym TiO2 jako cienkiej warstwy w reaktorze. Lampy UV (BLB-, UVB-, GL6-, UVC- i O3L-) były włączane odpowiednio 30 minut przed 5 minutami ciemności adsorpcji, aby znormalizować ilość energii promieni UV emitowanych przez każdą lampę. Reakcje rozpoczęto odpowiednio od ponownego włączenia lamp UV w reaktorze. Tlen nie był dostarczany do systemu. Efekt temperaturowy był znikomy.
Próbki alikwantne (5 mL) z tych ostatnich zabiegów były kolejno pobierane ze zbiornika w odpowiednim czasie w celu określenia CPT każdego wzorca odbarwiania.

3.2.2.1 Wpływ pH

Rozkład fotokatalityczny barwników i odpowiadający mu proces odbarwiania kontrolowany był głównie przez naturalne pH ścieków. Badano szybkość odbarwiania barwników, stosując CPT przy początkowym pH (od 6,5 do 9,6) i dostosowanym pH do warunków 6,5. Maksymalne odbarwienie dla wszystkich badanych w tej pracy zabiegów obserwowano przy naturalnym zakresie pH, a tempo odbarwiania zmniejszało się przy dostosowanym pH. Chociaż zarówno pojedyncze barwniki, jak i ich mieszaniny w roztworach wodnych były odbarwiane w zakresie pH 6,5-6,8, to rzeczywiste ścieki tekstylne były w większości odbarwiane w zakresie pH 9,6.

Z drugiej strony, próba dostosowania pH z 9,6 do 6,5 spowodowała znacznie wolniejsze odbarwianie, w oparciu o zasady CPT. Obserwacje te wskazują, że optymalne pH dla systemu UV-H2O2FS-TiO2 zależy od składu pierwotnych substratów w ściekach oczyszczonych zgodnie z obserwacjami i raportami przedstawionymi w innym miejscu (Shigwedha *i in.*, 2006). Wyjaśnienie skorygowanego wpływu pH na szybkość odbarwiania może wynikać z medium o pH, które ma wpływ na stan jonizacji grup funkcyjnych na cienkiej warstwie TiO2. Inne uwięzione jony substratu (siarczany, grupy karboksylowe, sodowe i aminowe) prawdopodobnie adsorbują się do cienkiej warstwy TiO2, doprowadzając w ten sposób do bliskiego kontaktu z rodnikami hydroksylowymi.

3.2.2.2 Wpływ temperatury

W celu zbadania zmienności temperatury przy odbarwianiu przeprowadzono badania w temperaturach od 4-45°C. Temperatura panująca w reaktorze fotokatalitycznym nie miała wpływu na wydajność odbarwiania, dlatego też układ ten ma potencjał zarówno zwiększenia degradacji, jak i nieznacznego obniżenia kosztów eksploatacji.

3.2.3 Właściwości ścieków tekstylnych

Rzeczywiste ścieki zostały pozyskane z zakładu produkcyjnego w prowincji Jiangsu (Wuxi, Chiny). Ścieki były silnie zabarwione ze względu na obecność barwników z procesu barwienia włókien. Typowe wartości rzeczywistych ścieków tekstylnych użytych do eksperymentu to przedstawione w tabeli 3-1. Podczas tego badania rzeczywiste ścieki tekstylne były odwirowywane z prędkością 8000 obr/min przez 15 minut, aby pomóc w redukcji cząstek stałych.

Tabela 3-1: Jakość nieoczyszczonych ścieków tekstylnych

Parametr	Wartość
pH	9.5±0.5
$A_{575\,nm}$, (a.u.)	0.785±0.001
ChZT, mg/L	500±100
TIC, mg/L	95±15
TNb, mg/L	30±10

Notatki: A = absorbancja; ChZT = chemiczne zapotrzebowanie tlenu; TIC = całkowity węgiel nieorganiczny; TNb = całkowity związany azot; a.u. = jednostki absorpcji

Do reaktora fotokatalitycznego doprowadzono również zsyntetyzowane ścieki tekstylne składające się z PVA (2000 mg/L), pierwiastków śladowych (tab. 3-2) oraz mieszaniny trzech barwników azowych, tj. czerwieni kwasowej 17, żółci kwasowej 36 i pomarańczy kwasowej 52. Barwniki kwasowe zostały dostarczone przez firmę SigmaAldrich-. Wysoko stężony roztwór PVA i pierwiastków śladowych został przygotowany oddzielnie z wodą dejonizowaną (pH 6,6) do wspólnego mieszania.

Tabela 3-2: Podstawowy skład pierwiastków śladowych

Skład	CoCl2-6H2O	ZnCl2	CuCl2-2H2O	H3BO4	36% HCl	FeCl3-4H2O	MnCl2-4H2O	NiCl2-6H2O	EDTA	(NH4)6Mo7O24-4H2O
Koncentracja (mg/L)	80	2	1.2	2	0.04	80	20	2	40	3.6

Zarówno przygotowane syntetyczne jak i rzeczywiste ścieki były przechowywane w temperaturze 4°C, aby uniknąć ich degradacji. Zasada dawnej syntezy ścieków polegała na wytworzeniu ścieków złożonych z trudnych do fotodegradacji materiałów, w tym barwników kwasowych. Do celów porównawczych poddano obróbce mieszaninę trzech barwników azowych i barwnika antrachinonowego (Acid Blue 45) przygotowanych w stężeniu 50 mg/l każdy z nich. Wszystkie eksperymenty zostały powtórzone dwa razy niezależnie dla każdego kolorowego roztworu.

3.2.4 Pomiary spektralne

Szybkość odbarwiania zaobserwowano w zakresie zmian sygnałów chłonności przy użyciu 2450 Shimadzu: Corp. Spektrofotometr UV-Vis, przez 1 cm kwarcowe komórki. Absorbancje dla Acid Blue 45, mieszaniny barwników, ścieków syntetycznych i rzeczywistych mierzono przy 606, 454, 454 i 575 nm, które wszystkie odpowiadają maksymalnej długości fali absorpcji, w tej kolejności.

3.3 Teoria

3.3.1 Klasyczny model matematyczny połączony z teorią CPT w ramach odbarwiania fotokatalitycznego

Badany tu proces katalizy zachodził na unieruchomionej cienkiej warstwie TiO2 w reaktorze fotokatalitycznym z przepływem pierścieniowym. Minutowe stężenie H2O2 było obecne przed napromieniowaniem. Naszym celem było ilościowe określenie wrażliwości aromatu w ściekach przy różnych wydajnościach fotonów przez ten sam system fotokatalityczny. W układzie tym występuje ta sama kinetyczna wartość pierwszego rzędu dotycząca maksimum absorpcji barwnika w paśmie widocznym, która wynika z ultradźwięków (Tezcanli-Guyer i Ince, 2003). Degradacja koloru rozpoczyna się wraz z początkiem naświetlania promieniami UV i postępuje wraz z dalszym rozprzestrzenianiem się promieni UV.

Barwniki tekstylne w cienkiej folii wystawionej na działanie promieniowania UV i unieruchomionej TiO2 w obecności H2O2FS odbarwiają się w bezpośredniej proporcji do maksymalnej wartości jednostek absorpcji. Wartość stałej prędkości zależy od tego, czy natężenie jest zdefiniowane jako natężenie napromienienia, czy prędkość fluencji, a także może zależeć od sposobu jego pomiaru. W tej reakcji fotokatalityczno-chemicznej fluencję UV mierzy się jako sumę energii wstęgi pasmowej TiO2 (*Ebg* ~3,2 eV) i potencjału utleniania stężenia minutowego H2O2FS (*E0* = 1,78 V). Szybkość, z jaką tworzą się pary otworów elektronowych zależy od źródeł światła, odległości energii promieniowania UV od powierzchni lampy do cienkiej warstwy TiO2 w reaktorze oraz szybkości przepływu wody. Generalnie, gdy półprzewodnik jest unieruchomiony w cienkiej warstwie, szybkość reakcji fotokatalitycznej jest zwiększona przy bardzo dużym natężeniu przepływu, co zmniejsza opór dyfuzyjny warstwy w recyrkulacji płynu reaktywnego (Wang *i in.*, 2002b; Wang i Shiraishi, 2002).

Gdzie A jest maksymalną absorbancją barwnika w paśmie widocznym w czasie t, a k jest współczynnikiem rozpadu absorbancji pseudorzędowej (min-1) (Tezcanli-Guyer i Ince, 2003), mamy podstawowe równanie różnicowe:

$$\frac{d}{dt}A(t) = -k \cdot A(t) \qquad (3.1).$$

Różne częstotliwości promieniowania UV dają różne k(s). W odniesieniu do $A(t)$, Eq. (3.2) jest rozwiązaniem dla Eq. (3.1) wynikającym z rozdzielenia zmiennych do integracji.

$$\int_{A_0}^{A} \frac{1}{At} dA(t) = \int_{t_0}^{t} -k\, dt \qquad (3.2)$$

Np. (3.3) jest wynikiem zintegrowanym.

$$\ln\left(\frac{A(t)}{A_0}\right) = -k \cdot t \tag{3.3}$$

Eq. (3.4) upraszcza *A(t)*. Współczynnik rozpadu absorbancji pseudorzędowej *k*, ma jednostki min-1, ponieważ $k \times t$ musi być bezjednostkowy.

$$A(t) = A_0 \cdot \exp(-k \cdot t) \tag{3.4}$$

Najwyraźniej, gdyby zastosowano linię regresji i ograniczono ją do podstawowych szybkości odbarwiania (*R2* $\geq$ 0,9831), efekt byłby inny dla współczynnika rozpadu absorbancji pseudorzędowej *k*. [k` = współczynnik rozpadu absorbancji pierwszego rzędu]. Dlatego też zastosowanie k` do równania (3.4) daje

$$A(t) = A_0 \cdot \exp(-k' \cdot t) \tag{3.5}$$

Odwrotność k` i CPT są takie same w obecnym stanie. [CPT=1/k`] CPT odpowiada za 90% oscylacji wzdłuż utlenionych cząsteczek barwnika, podczas gdy pozostałe 10% stanowi wskaźnik przeżycia. CPT posiada jednostki czasu, zwykle w min. z mikrosekundami po cztery cyfry, w celu rozróżnienia między ściśle spokrewnionymi barwnikami.

Zastąpienie k` w równaniach (3.5) wynikiem CPT powoduje, że

$$A(t) = A_0 \cdot \exp(-t/_{CPT}) \tag{3.6}$$

Równoważnik rozwiązania (3.6) dla wydajności kineskopów do odbiorników telewizji kolorowej

$$CPT = \frac{-t}{\ln\left(\frac{A}{A_0}\right)} \tag{3.7}$$

gdzieCPT jest krytycznym czasem fotonicznym (min); A0 jest oryginalną jednostką absorbancji w zbiorniku przy maksymalnej długości fali absorpcji (u.u.); A jest jednostką absorbancji ścieków recyrkulowanych w czasie t (u.u.).

3.3.2. Metoda określania wydajności fotonów

Sprawność fotonów (PEhv) to ilość natężenia UV, która jest wymagana do 10-krotnej zmiany w CPT. W praktyce, PEhv mierzy jak oscylacje cząsteczek barwnika zmieniają się w częstotliwości UV. PEhv można znaleźć poprzez wykreślenie CPT jako funkcji określonych częstotliwości UV w skali logarytmicznej. Linia regresji została dopasowana do tych danych. Wartość bezwzględna wzajemności tej linii będzie wynosić PEhv. Ponieważ pary logów CPT i specyficzna częstotliwość UV (λ) są niezbędne, następujące równania mogą być stosowane do uzyskania skali liniowej loga

$$\sum_{i=1}^{n} \log CPT_i = y \cdot n + m \cdot \sum_{i=1}^{n} \lambda_i \quad (3.8)$$

$$\sum_{i=1}^{n} \lambda_i \cdot \log CPT_i = y \cdot \sum_{i=1}^{n} \lambda_i + m \cdot \sum_{i=1}^{n} \lambda_i^2 \quad (3.9)$$

gdzie y jest punktem przecięcia y linii regresji, *m* jest nachyleniem, a *n* liczbąλ par CPT-ów. Zastosowanie metody najmniejszych kwadratów do równań (3.8) i (3.9) daje w wyniku równanie (3.10), które przedstawia nachylenie linii regresji jako:

$$m = \frac{n \cdot \sum_{i=1}^{n} (\lambda_i \cdot \log CPT_i) - \sum_{i=1}^{n} \lambda_i \cdot \sum_{i=1}^{n} \log CPT_i}{n \cdot \sum_{i=1}^{n} \lambda_i^2 - (\sum_{i=1}^{n} \lambda_i)^2} \quad (3.10).$$

Z równania (3.10), PEhv można znaleźć, przyjmując bezwzględną wartość odwrotności tego zbocza:

$$PE^{hv} = \left| \frac{1}{m} \right| \quad (3.11).$$

Przy obliczaniu PEhv, procedura obliczeń jest następująca: (1) Sporządzić tabelę w celu uproszczenia obliczeń dla wartości $\sum_{i=1}^{n} \lambda_i$, $\sum_{i=1}^{n-1} \log CPT_i$ i $\sum_{i=1}^{n} \lambda_i^2$ $\sum_{i=1}^{n-1} (\lambda_i \log CPT_i)$ odpowiednio w każdej kolumnie; (2) Podłączyć te wartości do równania (3.10) dla nachylenia linii regresji; (3) Określić liczbę par CPT-λ = *n*; (4) rozwiązać dla PEhv przez równanie (3.11).

3.3.3 Przewidywanie nieznanych CPTn dla jednej częstotliwości przy użyciu PEhv i CPT dla dwóch lub więcej różnych częstotliwości

Cel ten jest osiągany poprzez rozszerzenie oryginalnego równania dla nachylenia linii regresji liniowej logicznej o nieznany CPTn. W konsekwencji, Eq. (3.10) staje się

$$m = \frac{n \cdot \left[\sum_{i=1}^{n-1} (\lambda_i \cdot \log CPT_i) + \lambda_n \cdot \log CPT_n \right] - \sum_{i=1}^{n} \lambda_i \cdot \left[\sum_{i=1}^{n-1} (\log CPT_i) + \log CPT_n \right]}{n \cdot \sum_{i=1}^{n} \lambda^2 - (\sum_{i=1}^{n} \lambda)^2} \quad (3.12).$$

Ponieważ PEhv jest znany z równania (3.11), możemy zastąpić *m* w równaniach (3.12) jako

$$\frac{1}{PE^{hv}} = \frac{n \cdot \left[\sum_{i=1}^{n-1}(\lambda_i \cdot \log CPT_i) + \lambda_n \cdot \log CPT_n\right] - \sum_{i=1}^{n}\lambda_i \cdot \left[\sum_{i=1}^{n-1}(\log CPT_i) + \log CPT_n\right]}{n \cdot \sum_{i=1}^{n}\lambda^2 - (\sum_{i=1}^{n}\lambda)^2} \quad (3.13).$$

Przykład rozwiązania (3.13) dla nieznanej wydajności CPTn

$$CPT_n = 10^{\frac{\left[n \cdot \sum_{i=1}^{n}\lambda_i^2 - \left(\sum_{i=1}^{n}\lambda_i\right)^2\right] \div PE^{hv} - n \cdot \sum_{i=1}^{n-1}(\lambda_i \log CPT_i) + \sum_{i=1}^{n}\lambda_i \cdot \sum_{i=1}^{n-1}\log CPT_i}{n \cdot \lambda_n - \sum_{i=1}^{n}\lambda_i}} \quad (3.14).$$

gdzie CPTn to teoretyczna CPT (min); PEhv to sprawność fotonu wymagana do 10-krotnej redukcji CPT; λn to długość fali, przy której istnieje teoretyczna CPT (nm), a *n* to liczba par CPT-ówλ.

Dlatego też, gdy znane są wszystkie wartości z wyjątkiem nieznanych CPTn, teoretyczny CPT otrzymuje się z równania (3.14). Chociaż równanie to jest nieco skomplikowane, można je uprościć w następujący sposób: (1) Określić PEhv i cały jego zbiór danych używany do jego wygenerowania; (2) Skonstruować tabelę w celu uproszczenia obliczeń dla wartości $\sum_{i=1}^{n}\lambda_i$, $\sum_{i=1}^{n-1}\log CPT_i$ oraz $\sum_{i=1}^{n}\lambda_i^2$ $\sum_{i=1}^{n-1}(\lambda_i \log CPT_i)$ w tej kolejności; (3) Określić liczbę par CPT-λ = *n*, aby zapewnić wartość λn; (4) Zastosować te wartości do równania (3.14) w celu uzyskania nieznanego CPTn; (5) Sprawdzić tę wartość poprzez włączenie jej do pierwotnego zbioru danych i obliczyć nowy PEhv. Nowy PEhv powinien być taki sam, jak ten podany w problemie.

3.4 Wyniki i dyskusja

3.4.1 Charakterystyka kineskopów do chromowania w roztworze wodnym według klasycznej matematyki

Prace wykonano na wybranych próbkach składających się z barwników tekstylnych i zmierzono szybkości rozkładu aromatu podczas utleniania fotoekspiracyjnego. Zgodnie z oczekiwaniami, specyficzne wykresy częstotliwości UV jednostek absorpcji wobec czasu naświetlania (min) są zgodne z prawem kinetycznym pierwszego rzędu. CPT, które przewidują obserwacje czasowe w okresie odbarwiania, zostały obliczone dla każdej z kolorowych próbek przy użyciu modelu pochodnego z równania (3.7). Sposoby eksperymentowania z kineskopami do odbiorników telewizji kolorowej są przedstawione za pomocą linii przerywanych na rysunku 3-1.

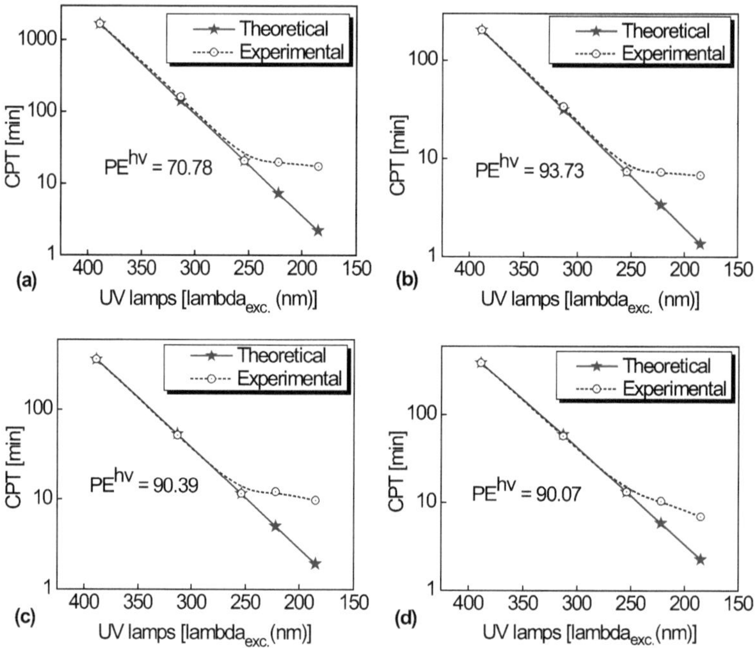

Rysunek 3-1: Zależność między eksperymentalnymi CPT i teoretycznymi CPT przy różnych częstotliwościach UV różnych ścieków z barwników tekstylnych z unieruchomionym TiO2 w obecności 0,02 M H2O2FS. Kwaśny błękit 45 (a), rzeczywisty ściek z materiałów włókienniczych (b), mieszanina kwaśnego brązu 52 + kwaśnego żółtego 36 + kwaśnego pomarańczowego 52 (c) oraz syntetycznego ścieku z materiałów włókienniczych (d)

Kiedy kinetyka odbarwiania dwóch lub więcej roztworów barwnych (lub ich aromat w ściekach) jest analizowana przez CPT, efekt porównania na ich jednostkach absorpcji staje się pomijalny. W obecnych modelach recepturowych, jednostki absorbancji różniły się w zakresie od 0,785 do 2,182 j.u. Znajomość stężeń barwników w próbkach nie jest kluczowa, ponieważ maksymalne jednostki absorbancji reprezentowały początkowe stężenia barwników. Chociaż Spadaro *i wsp.* (1994)

ostrzegali, że struktura i stężenie poszczególnych barwników w ściekach z przemysłu włókienniczego powinny być znane przed oczyszczeniem ścieków przy użyciu procesu, który opiera się na chemii rodników hydroksylowych, obecne dane wskazują, że nie jest to konieczne, a w rzeczywistości nie ma teoretycznej potrzeby uzasadniania, że powinno być to konieczne.

Przy intensywności promieniowania UV poniżej 400 nm, tempo odbarwiania staje się coraz szybsze. Ta ostatnia obserwacja była szczególnie praktyczna dla intensywności UV przy 389, 313 i 254 nm. Gdy intensywność UV osiągnęła 254 nm, tempo konwersji barwników było nieco lepsze od przewidywanego. Dane z tych badań dostarczają pewnych dowodów na to, że kineskopy do odbiorników telewizji kolorowej oznaczone dla ścieków z barwników tekstylnych mogą być wykorzystywane do przedstawiania aktywacji struktur celowych do par otworów elektronowych w miarę postępującej degradacji fotokatalitycznej. Tak więc, CPT o dowolnej częstotliwości promieniowania UV dostarczanego przez lampę, obliczonej zgodnie z równikiem (3.7), byłby ważny dla wszelkich pierwotnych pomiarów barwników w wodzie.

3.4.2 Przewidywania dotyczące elektronarzędzi bezprzewodowych z PEhv i znanych elektronarzędzi bezprzewodowych

Dla potrzeb niniejszej pracy sformułowaliśmy równania CPT nie tylko z prawa pierwszeństwa, ale również z PEhv i znanych CPT. Wyniki potwierdziły teorię CPT i wyraziły jej praktyczność dla szerokiego zakresu działania promieni UV.

Dla PEhv i znanych CPT linia regresji reprezentuje podkreśloną kinetykę powstawania par otworów elektronowych przez intensywność UV, przewidując inne CPT dla innych intensywności UV i potwierdzając założenia kinetyczne teorii. Wszystkie wartości CPT wzdłuż linii regresji są zależne od siebie. Dlatego nieznany CPTn powinien pasować do linii regresji w taki sposób, aby nie wpływać na kinetykę odbarwiania, a tym samym nie zmieniać wartości PEhv. Nieznane teoretyczne CPT oznaczono z PEhv i dwóch CPT na podstawie danych doświadczalnych z każdej próbki, stosując równanie (3.14) przy długości fali 389 i 254 nm. Wyniki pokazane są liniami ciągłymi na rysunku 3-1. Na podstawie tych danych ustalono zatem związek pomiędzy eksperymentalnymi i teoretycznymi CPT-ami.

Przedstawiony model CPT nie uwzględnia możliwych efektów fluktuacji UV polichromatycznych źródeł światła jednocześnie oddziaływujących na PEhv. Oczekuje się, że efekty te będą niewielkie, ponieważ aktywacja cząsteczek organicznych na wszystkich długościach fali brana pod uwagę jest powstawaniem podobnych wyników (półproduktów), które powstają w wyniku absorpcji pojedynczego fotonu światła. W związku z tym na sumę efektów poszczególnych długości fal nie powinien mieć wpływu skutek jednoczesnego napromieniowania na wielu długościach fal. CPT uzyskany za pomocą lampy polichromatycznej może być umieszczony w miejscu, w którym pasuje do linii regresji, tym samym przewidując określoną długość fali w szerokim spektrum. Widzieliśmy specyfikę w szerokim spektrum.

3.4.3 Ocena wyników eksperymentów za pomocą modeli matematycznych

Wyniki doświadczeń były zgodne z wynikami teoretycznych badań wydajności fotokatalitycznej w zakresie częstotliwości UV od 400 do 254 nm. Przy częstotliwości około 222 i 185 nm wyniki zmieniły się zgodnie z obecną teorią. Rozbieżność ta wynika prawdopodobnie z technologii lamp UV, ale nie z barwników. W lampach o długości fali 222 i 185 nm promień ultrafioletowy zaatakował cząsteczkę wody, oprócz tego rozkłada związek organiczny. Jest to szczególnie ważne, gdy promienie ultrafioletowe o długości fali 185 nm są napromieniowywane. Rozpuszczony tlen i cząsteczka wody ulegają rozkładowi do produkcji rodników HO. Oznacza to, że duża ilość energii promieniowania ultrafioletowego jest zużywana nie tylko w procesie rozkładu związku organicznego, ale również w takiej reakcji rozpuszczalnikowej. W wyniku rozkładu H2O2 powstają rodniki HO, które prowadziłyby do samoczynnego rozkładu H2O2. Może to również zmniejszyć szybkość degradacji fotokatalitycznej. Dlatego naturalne jest, że teoria ta nie odpowiada wartościom doświadczalnym w tak krótkim zakresie długości fal. Co więcej, niskociśnieniowe klasy wyładowcze lamp rtęciowych wytwarzają praktycznie cały swój strumień UV przy długości fali 253,7 nm = UV254, która jest bardzo zbliżona do maksymalnej szczytowej krzywej efektywności bakteriobójczej 260 nm (Kurovaara *i in.* , 1995). Sugeruje to, że przewidywanie CPT przy długości fali około 260 nm i poniżej będzie miało niewielkie wahania. Zamodelowaliśmy ten porządek-fact matematycznie, ponieważ większość z tych niskociśnieniowych klas lamp na ogół może przekształcić do 40% swoich watów wejściowych na użyteczne waty UV-C. Dokładnie mówiąc, 6-watowa lampa niskociśnieniowa o mocy około 254 do 185 nm będzie miała około 2,5 W mocy UV-C. Nie próbowaliśmy częstotliwości poniżej 185 nm, ponieważ szybkość odbarwiania fotokatalitycznego przy tej częstotliwości pozostała prawie na maksimum. W przypadku, gdy częstotliwość spadnie do mniej niż 185 nm, wszelkie dodatkowe korzyści płynące z promieniowania UV są wątpliwe.

3.4.4 Ocena wyników teoretycznych za pomocą modeli matematycznych

Niemniej jednak, jak pokazują linie ciągłe na rysunku 3-1, CPT przewidywane przez równanie (3.14) w zadowalający sposób wyrażają teoretyczną praktyczność walidacji w teorii CPT dla szerokiego zakresu oświetlenia pasmowego UV w obecności H2O2FS. Wyniki eksperymentu dobrze się zgadzały z teoretycznymi CPT, gdy stosowano częstotliwości UV w zakresie od 400 do 250 nm.

Chociaż większość używanego światła UV byłaby w stanie aktywować bezpośrednio cząsteczki docelowe oprócz fotokatalizy unieruchomionego TiO2, doświadczenie pokazało, że najbardziej odpowiednia i szeroko stosowana lampa UV do zaawansowanych procesów utleniania (AOP) wielu związków organicznych jest lampa o długości fali 254 nm. Zgodnie z liniami przerywanymi na rysunku 3-1, typowe kineskopy poniżej UV254 odchylają się od teoretycznych kineskopów. Teraz, ponieważ PEhv mówi nam tylko o nachyleniu linii regresji, a nie o jej założeniu y, linia ta może istnieć wszędzie wzdłuż osi y. Właśnie założyliśmy, że przechodzi przez CPT przy 254 nm, czyli długości fali dywersyjnej. Biorąc pod uwagę, że w idealnej sytuacji wszystkie kineskopy będą istniały na tej samej linii regresji, wtedy również będą się poprawnie zmniejszać wykładniczo. Do tego rozwiązania zastosowaliśmy najbardziej podstawową formę dla nachylenia tej linii, którą jest

$$m = \frac{\log CPT_{254} - \log CPT_n}{254 - \lambda_n} \qquad (3.15).$$

Rozwiązanie dla nieznanego CPTn skutkuje

$$CPT_n = 10^{(\lambda_n - 254)/PE^{hv} + \log CPT_{254}} \qquad (3.16),$$

gdzie CPTn to teoretyczna CPT (min); PEhv to sprawność fotonu wymagana do 10-krotnej redukcji CPT; λ n to długość fali, przy której istnieje teoretyczna CPT (nm), a CPT254 to CPT przy 254 nm (min).

Możliwe jest również wyznaczenie teoretycznego CPT z PEhv i tylko jednego CPT. To obliczenie jest łatwe do wykonania matematycznie. Obydwa modele Eqs. (3.14) i (3.16) są różnymi metodami numerycznego uzyskania teoretycznego CPT. Jednak różnica w ich wartościach jest niewielka. Różnica ta pojawia się w końcowych cyfrach mikrosekund i dlatego byłaby nieistotna we wszystkich przypadkach (tabela 3-3).

Tabela 3-3: Szczegółowe wyniki CPT dwóch modeli Eqs. (3.14 i 3.16) dla Acid Blue 45

λexc. (nm)	CPT (min)	
	Eq. (3.14)	Eq. (3.16)
389	1682.7600	1682.7600
313	142.0028	142.0031
254	20.8319	20.8319
222	7.3514	7.3557
185	2.2065	2.2074

W niniejszym rozdziale opracowaliśmy zestaw modeli, które dokładnie kwantyfikują podatność aromatu na degradację fotokatalityczną. Zbadano wydajność modeli zarówno teoretycznie, jak i doświadczalnie. W rezultacie okazało się, że hipoteza CPT w fotokatalizie wyraża swoją praktyczność w szerokim zakresie działania promieniowania UV, w tym niezwykłą konwersję próżniowego spektrum UV na użyteczne spektrum bakteriobójcze.

3.5 Referencje

Arabatzis, I.M.; Antonaraki, S.; Stergiopoulos, T.; Hiskia, A.; Papaconstantinou, E.; Bernard, M.C. i Falaras, P.: Przygotowanie, charakterystyka i aktywność fotokatalityczna nanokrystalicznych cienkowarstwowych katalizatorów TiO2 w kierunku degradacji 3,5-dichlorofenoli. **J. Photochem. Fotobiol. A: Chem.** 149(2002)237-245

Bahorsky, M.S. i Bryant, D.H.: Textiles. **Wat. Środowisko. Res.** 67(1995)544-548

Forgacs, E.; Cserháti, T. i Oros, G.: Usuwanie syntetycznych barwników ze ścieków: Rewizja. **Środowisko. Stażysta.** 30(2004)953-971

Fox, M.A.: Fotoindukowany transfer elektronów w uporządkowanych mediach. **Na górze. Curr. Chem.** 159(1991)67-101

Kunz, A.; Reginatto, V. i Durán N.: Połączone leczenie przy użyciu sekwencji *Phanerochaete Chrysosporiun-Ozone*. **Chemosfera** 44(2001)281-287

Kurovaara, M.; Backlund, P. and Corin, N.: Light-induced degradation of DDT in humic water. **Sci. Total Environ.** 170(1995)185-191

Malato, S.; Blanco, J.; Richter, C. i Maldonado, M. I.: Optymalizacja przedindustrialnej energii słonecznej
fotokatalityczna mineralizacja pestycydów komercyjnych. Zastosowanie do recyklingu pojemników z pestycydami. **Appl. Catal. B: Środowisko.** 25(2000)31-38

Medina-Valtierra, J.; Moctezuma, E.; Sánchez-Cárdenas, M. i Frausto-Reyes, C..: Globalna wydajność fotoniczna dla degradacji i mineralizacji fenolu w niejednorodnej fotokatalizie. **J. Photochem. Fotobiol. A: Chem.**, 174(2005)246-252

Noorjahan, M.; Reddy, M.P.; Kumari, V.D.; Lavédrine, B.; Boule, P. i Subrahmanyam, M.: Fotokatalityczna degradacja kwasu H na nowatorskim reaktorze cienkowarstwowym TiO2 w zawiesinie wodnej. **J. Photochem. Fotobiol. A: Chem.** 156(2003)179-187

Rothenberger, G.; Moser, J.; Grätzel, M.; Serpone, N. i Sharma, D.K.: Chwytanie nośnika ładunku i dynamika rekombinacji w małych cząstkach półprzewodnikowych. **J. Am. Chem. Soc.** 107(1985)8054-8059

Sabin, F.; Türk, T. i Vogler, A.: Fotoutlenianie związków organicznych w obecności dwutlenku tytanu: określenie skuteczności. **J. Photochem. Fotobiol. A: Chem.** 63(1992)99-106

Serpone, N.; Sauvé, G.; Koch, R.; Tahiri, H.; Pichat, P.; Piccinini, P.; Pelizzetti, E. i Hidaka, H.: Protokół standaryzacji efektywności procesów i parametrów aktywacyjnych w niejednorodnej fotokatalizie: względna efektywność fotoniczna ζr. **J. Photochem. Fotobiol. A: Chem.** 94(1996)191–203

Shigwedha, N.; Hua, Z. i Chen, J.: Unieruchomienie TiO2 pozwala na obecność H2O2 na starcie i zwiększa fotodegradację Acid Yellow 36 (AY-36). **J. Chem. Eng. Japonia**, 39(2006)475-480

Shiraishi, F.; Nakasako, T. i Hua Z. : Formowanie nadtlenku wodoru w reakcjach fotokatalitycznych. **J. Phys. Chem. A** 107(2003)11072-11081

Spadaro, J.T.; Isabelle, L. and Renganathan, V.: Hydroxyl radical mediated degradation of azo colours: evidence for benzene generation. **Środowisko. Sci. Technol**. 28(1994)1389-1393

Tahiri, H.; Serpone, N. i van Mao, R.L.: Zastosowanie koncepcji względnej efektywności fotonicznej i charakterystyki powierzchni nowego fotokatalizatora tytanowego przeznaczonego do remediacji środowiska. **J. Photochem. Fotobiol. A: Chem.** 93(1996)199-203

Tezcanli-Guyer, G. and Ince, N.H.: Degradacja i zmniejszenie toksyczności barwników tekstylnych za pomocą ultradźwięków. **Ultrason. Sonochem.** 10(2003)235-240

Wang, C.; Rabani, J.; Bahnemann, D.W.; Detlef, W. i Dohrmann, J.K.: Wydajność fotoniczna i wydajność kwantowa formowania formaldehydu z metanolu w obecności różnych fotokatalizatorów TiO2. **J. Photochem. Fotobiol. A: Chem.** 148(2002a)169-176

Wang, S. i Shiraishi, F.: Rozkład kwasu mrówkowego w dwóch typach reaktorów fotokatalitycznych: wpływ oporu błony dyfuzyjnej i penetracji światła UV na szybkość rozkładu. **Ekoinżynieria** 14(2002)9-17

Wang, S.; Shiraishi, F. i Nakano, K.: Dekompozycja kwasu mrówkowego w reaktorze fotokatalitycznym z równoległym układem czterech źródeł światła. **J. Chem. Technol. Biotechnol.** 77(2002b)805-810

Wu, F.; Ozaki, H.; Terashima, Y.; Imada, T. i Ohkouchi, Y. : Aktywność enzymów ligninolitycznych grzyba białej zgnilizny, *Phanerochaete Chrysosporiun* i jego rekalkitrantowych substancji degradowalnych. **Wat. Sci. Tech.** 34(1996)69-77

4

KRYTYCZNY CZAS FOTONICZNY (CPT): NOWA PODSTAWOWA TEORIA PROCESU ODBARWIANIA BARWNIKÓW TEKSTYLNYCH PRZEZ UV-H2O2FS-TIO2

Częściowo przedstawione na konferencji AP-AWTGORT2006, Dalian – LiaoningP.R. China, wrzesień 06-08.

Journal of Chemical Engineering of Japan, w prasie

4.1 Wprowadzenie

Barwniki kwasowe są szeroko stosowane w niektórych branżach włókienniczych. Barwniki te mają duże znaczenie dla środowiska, ponieważ zachowują kolor i integralność strukturalną pod wpływem światła słonecznego, gleby, bakterii i potu. Są one również zaprojektowane tak, aby były odporne na fotodegradację (Forgacs *i in.*, 2004). Objętość i różnorodność barwników kwasowych, które muszą być utylizowane, znacznie się zwiększy. Na przykład rozwój jedwabiu, wełny, nylonu i modyfikowanych włókien akrylowych wymaga nowych barwników kwasowych, które skutecznie łączą się z tymi włóknami. Amerykański Departament Handlu przewiduje 3,5-krotny wzrost produkcji tych włókien w latach 1975-2020 (Walsh *i in.*, 1980). Ciągle powstają nowe kolory poprzez zmianę społecznych idei i mody. Jasne, trwałe kolory są często niezbędne do zaspokojenia tego zapotrzebowania.

Byłoby idealnie, gdyby jeden zabieg wyeliminował wszystkie barwniki, niezależnie od ich struktury. W badaniu tym zastosowano system UV-H2O2FS-TiO2 w celu zwiększenia usuwania koloru w krótkim czasie reakcji. Semiconductor został unieruchomiony w cienkiej warstwie. Przy oświetleniu o odpowiednich częstotliwościach UV, elektrony w półprzewodniku były wzbudzane z pasma walencyjnego do pasma przewodzenia, dając pary otworów na elektrony, które są warunkiem koniecznym do fotokatalizy. Reakcje tej pary otworów elektronowych z różnymi akceptorami i dawcami elektronów oraz procesy rekombinacji otworów elektronowych zostały dobrze zbadane (Rothenberger *i in.*, 1985; Fox, 1991). W obecności zarówno rozpuszczonego tlenu, jak i H2O2 (Singh *i in.*, 2003; Shigwedha *i in.*, 2006), fotogenerowane elektrony mogą być usuwane. H2O2 ma znaczenie chemiczne, ponieważ może być szeroko stosowany jako inicjator reakcji rodnikowych. Fotogenerowane otwory w TiO2 mogą bezpośrednio indukować utlenianie lub przechodzić przez przenoszenie ładunku za pomocą zaabsorbowanej cząsteczki wody lub gatunków związanych powierzchniowo z wodorotlenkiem, co ostatecznie prowadzi do powstania rodników hydroksylowych (HO-). Rodnik hydroksylowy (*E0* = 2,80 V) może wyizolować atom wodoru ze słabych wiązań C-H i reaguje z wieloma wiązaniami, w tym reakcjami z układami aromatycznymi.

Literatura zawiera wiele wstępnych doniesień i teorii na temat pierwotnego procesu fotokatalizy. Nawet dziś szczegóły dotyczące podstawowych mechanizmów reakcji fotokatalizy są dalekie od zrozumienia. Zazwyczaj ogniwo fotoelektrochemiczne wykorzystuje zewnętrzne napięcie różnicowe do celowego oddzielenia procesów utleniania i redukcji. Natomiast w fotokatalizie oba procesy zachodzą na powierzchni tego samego półprzewodnika, a szybkość reakcji jest ograniczona przez najwolniejszy etap reakcji, który w większości przypadków nie jest znany. W związku z tym większość badań laboratoryjnych została ograniczona do pomiaru kinetyki ogólnej degradacji modelowych związków organicznych (Dillert i Bahnemann, 1994; Bahnemann, 1999; Hufschmidt *i in.*, 2004; Peller *i in.*, 2004).

Wiadomo, że cząsteczki barwników i związane z nimi chromofory, albo -N=N- albo >C=O, zaangażowane w strukturę molekularną barwników są rozkładane przez fotokatalizę. Zaobserwowano widoczny i nadfioletowy (UV) efekt przeniesienia elektronów na struktury barwnika przy różnych długościach fal, wskazujący na zdolności tautomeryczne cząsteczek barwnika (Shore, 1990). I odwrotnie, absorpcja i odbicie promieniowania widzialnego i UV są ostatecznie odpowiedzialne za obserwowany kolor barwników (Zollinger, 1991).

W tym rozdziale proponuje się, aby (1) efekt tautomeryczny był jednym z podstawowych procesów wynikających z naświetlania pasmowego podczas napromieniania półprzewodnika i (2) w konsekwencji, zdolność do szybkiego i dokładnego odtworzenia zmian w widmach absorpcji dla częstotliwości widzialnych jest krytyczna dla przewidywania fotokatalitycznego odbarwienia roztworów barwników organicznych.

Pomiar kinetyczny, CPT, jest używany do analizy czasowych obserwacji w ramach kinetyki odbarwiania poszczególnych barwników organicznych. Krytyczne czasy fotoniczne (CPT) mierzą czas potrzebny do spowodowania 90% oscylacji pomiędzy podwójnymi i pojedynczymi wiązaniami, które występują wzdłuż sprzężonych łańcuchów molekularnych struktur barwnikowych, które mają być utleniane przy odpowiednim napromieniowaniu półprzewodnika. Technika CPT wyjaśnia więcej szczegółów mechanicznych dotyczących degradacji barwnika niż absorpcja rozproszonego odbicia światła lub techniki FTIR. Nadaje się do badania przemijających kolorowych chemikaliów bez stwarzania problemów podczas spektrofotometrii UV-Vis. W szczególności, technika CPT dostarcza dalszych informacji na temat oporności barwników organicznych na wszystkie metody degradacji, w tym fotokatalizę. Wyjaśnia również szczegółowo efektywność i niedobór fotonów dla różnych barwnik ó w i kombinacji intensywności UV. Przedstawione wyniki wskazują na wartość wyboru metod spektrofotometrycznych opartych na CPT.

W następnym rozdziale (rozdział 5) uszeregowaliśmy CPT na podstawie pojedynczych barwników, aby przewidzieć kolejność rozkładu barwników w mieszankach o różnych stężeniach. CPT przewidują, że rozkład rzędu był taki sam pod koniec reakcji, niezależnie od stężenia. Ta hipoteza została udowodniona.

4.2 Procedury eksperymentalne

4.2.1 Odczynniki i materiały

Acid Blue 45, Acid Red 17 (Bordeaux R), Acid Yellow 36 (Metanil Yellow) i Acid Orange 52 (Methyl Orange) zostały nabyte od SigmaAldrich- Company. 30% (v/v) wodny roztwór -H2O2 został zakupiony od Shanghai Chemicals Reagent Company. Wszystkie te substancje chemiczne były co najmniej laboratoryjnej klasy odczynnika. Przez cały czas pracy stosowano wodę dejonizowaną.

Jako źródła światła zastosowano trzy lampy UV (6 W każda): czarno-błękitna świetlówka (BLB-) o długości fali 389 nm (FL6BLB-, Matsushita Electric Industrial Co., Ltd., Osaka), lampa bakteriobójcza (GL6-) o długości fali 254 nm (GL6-, Sankyo Electric Co., Tokio) oraz lampa bakteriobójcza (GLC-) o długości fali 254 nm (UVCS212T5-, Jiangyin UV Development Electric Co., Wuxi). Szkło cienkowarstwowe -TiO2 zostało dostarczone przez Kyushu Institute of Technology (Japonia).

4.2.2 Układ reaktora fotokatalitycznego i sposób jego działania

Reaktor fotokatalityczny (Shiraishi *i in.* , 2003), zbiornik i pompa perystaltyczna (BT00600M-, Lange Electric Co, Tianjin), były połączone w pętlę i recyrkulowane w zamkniętym systemie recyrkulacji wsadowej. Kinetykę odbarwiania przeprowadzono na 400 mL wodnych roztworów barwników zawierających preferowane stężenia (50 mg/L każdy) przy naturalnym pH (6,50 ± 0,35). Wodne roztwory barwników, dozowane z 1 ml H2O2, były najpierw recyrkulowane z przepływem

1 l/min w ciemności przez 5 min. Czas ten był wystarczający do osiągnięcia równomiernej adsorpcji barwników na unieruchomionym TiO2 w postaci cienkiej warstwy wewnątrz reaktora. Tlen nie był dostarczany do systemu. Następnie reakcje rozpoczęto od włączenia kolejno lamp UV (BLB-, GL6- i GLC-) w reaktorze. Próbki Aliquot (5 mL) tych zabiegów były kolejno pobierane ze zbiornika w odpowiednich odstępach czasu w celu określenia CPT każdego wzorca odbarwiania.

4.2.3 Pomiary spektralne

Szybkość odbarwiania obserwowano pod względem zmian sygnałów chłonności, stosując 2450 Shimadzu: Corp. Spektrofotometr UV-Vis, przez 1-cm kwarcowe komórki. Absorbancji dla Acid Blue 45, Acid Red 17, Acid Yellow 36 i Acid Orange 52 zmierzono przy 606, 493, 438 i 462 nm, które odpowiadają ich maksymalnym długościom fali absorpcji w tej kolejności.
Wartości absorbancji były rejestrowane jako zmienne zależne przez maksymalny okres 80 min, aby wybrać nachylenie każdego zabiegu. Odbarwianie zdefiniowano jako niezdolność wodnego roztworu barwnika do zachowania barwy i integralności strukturalnej podczas pierwotnego zaawansowanego procesu utleniania (AOP), zachodzącego po absorpcji fotonów o energii większej niż pasmo TiO2, w obecności H2O2 od początku.

4.3 Wyniki i dyskusja

4.3.1 Kinetyka odbarwiania, wskaźniki i CPT

Obliczenia CPT były krytycznym czynnikiem w przewidywaniu podstawowych procesów zachodzących przy naświetlaniu pasmowym w cienkiej warstwie TiO2 podczas procesu odbarwiania. Degradacja koloru przebiegała zgodnie z kinetyką pierwszego rzędu dotyczącą maksimum absorpcji barwnika w widocznym paśmie. Linię regresji zastosowano do szybkości odbarwiania tych częstotliwości UV, dla których zaobserwowano ograniczenie wartości kwadratowej *R*-(*R2* $\geq$ 0,9831). Wyniki przedstawiono na rysunku 4-1. Szybkości odbarwiania rejestrowano pod względem zmian w intensywności charakterystycznych szczytów każdego barwnika.

Jak zaobserwowano na zboczach każdego z zabiegów, szczyty absorpcji poszczególnych barwników zmniejszyły się podczas reakcji utleniania, co wskazuje, że barwniki zostały fotokatalitycznie odbarwione. Tempo odbarwiania tego AOP zmniejszało się doskonale, mimo eksperymentalnych błędów. Co więcej, całkowite odbarwienie zostało osiągnięte po pomnożeniu bezwzględnych wartości wzajemnego nachylenia linii regresji logarytmicznej przez 2. Nie zaobserwowano istotnego wpływu procesu adsorpcji podczas całego przebiegu odbarwiania. Całkowita informacja o odbarwianiu nie jest zawarta na rysunku 4-1. Należy zauważyć, że mechanizm reakcji każdego barwnika nie jest uwzględniony w tej pracy, ponieważ różne drogi reakcji na ogół prowadzą do różnej kinetyki reakcji. Obecnie trwają badania nad tym, jaki rodzaj pośrednika (pośredników) jest aktywny dla degradacji. Związek pomiędzy lampami UV i CPT zostanie omówiony poniżej.

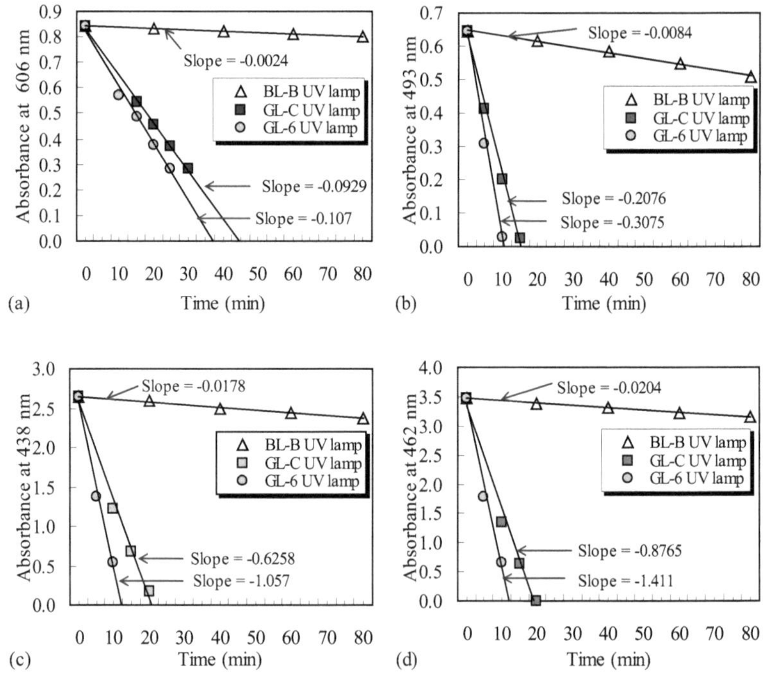

Rysunek 4-1: Fotokatalityczna kinetyka dekoloryzacji wybranych barwników:

Acid Blue 45 (a), Acid Red 17 (b), Acid Yellow 36 (c), oraz Acid Pomarańczowy 52 (d), przy użyciu lamp UV BLB-, GLC- i GL6

4.3.2 Pomiar kineskopów do odbiorników telewizji kolorowej

Szybkość odbarwiania stanowi dowód na to, że w podobnych warunkach doświadczalnych wytwarzane są CPT. W niniejszej pracy stwierdzono, że kineskopy do odbiorników telewizji kineskopowej dla poszczególnych wartości natężenia promieniowania UV zostały po prostu znalezione poprzez obliczenie bezwzględnej wartości bezwzględnej odwrotności zbocza podanej na rysunku 4-1. CPT definiuje się jako czas (zwykle w min. mikrosekundach po cztery cyfry) potrzebny do spowodowania 90% oscylacji pomiędzy podwójnymi i pojedynczymi wiązaniami, które występują wzdłuż sprzężonych łańcuchów molekularnych struktur barwnikowych, które mają być utlenione w roztworze wodnym po naświetleniu półprzewodnika promieniami UV o odpowiedniej długości fali podczas procesu odbarwiania.

4.3.3 Związek między elektronarzędziami bezprzewodowymi a rezystywnością barwników

CPT dostarczyły informacji na temat podatności chromoforów barwnikowych i ich złożonych struktur chemicznych na fotokatalityczną degradację światła UV za pomocą różnych akceptorów elektronów (*chromogenów*) i dawców (*auxochromów*). Rezystywność barwników na fotodegradację stwierdza się poprzez wykreślenie kineskopów w stosunku do długości fal lamp UV. Przedstawione tu CPT są wykreślone logarytmicznie, jak pokazano na rysunku 4-2.

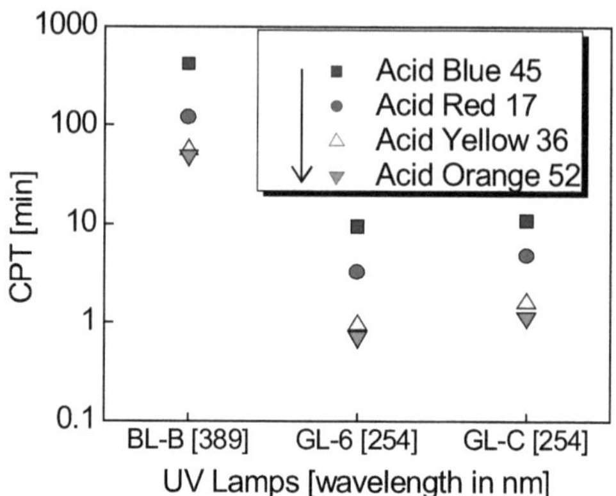

Rysunek 4-2: Kineskopy do odbiorników telewizji kolorowej a określone częstotliwości promieniowania UV dla wybranych barwników tekstylnych

Trzy używane lampy UV wykazały systematyczną serię sortowania od góry do dołu dla tych związków organicznych w zakresie CPT od 1000 do 0,6 min. Przyjmuje się, że przy długości fali równej 185 nm, sortowanie od góry do dołu poprawia się prawie o 0,4 min. Acid Blue 45, obecny barwnik górnego sortowania przedstawiony na rysunku 4-2, oznacza, jak duża część jego CPT jest wymagana, a zatem wykazuje najwyższą odporność w porównaniu z drugim i trzecim barwnikiem górnego sortowania. Wydaje się, że wyniki te potwierdziły ogólną oporność tych barwników na wszelkie zabiegi degradacyjne w następującej kolejności: Acid Blue 45 > Acid Red 17 > Acid Yellow 36 ≈ Acid Orange 52.

Zarówno w napromieniowaniu widzialnym jak i UV zaobserwowano efekty przeniesienia elektronów przy różnych długościach fal na struktury barwnika, wspomagające zdolności tautomeryczne cząsteczek barwnika (Shore, 1990). Wzdłuż sprzężonego łańcucha molekularnego występuje oscylacja pomiędzy wiązaniami podwójnymi i pojedynczymi; dlatego też, w miarę wydłużania się łańcucha, tempo drgań spada, co powoduje wolniejsze tempo degradacji kinetycznej (Shore, 1990). Ta ostatnia oznaczała opór lub raczej trudność do degradacji. W tym przypadku kineskopy do odbiorników telewizji kolorowej ułatwiły szybszą i prostszą procedurę badania przesiewowego trudnych do zdegradacji barwników tekstylnych, niezależnie od tego, czy dostępne są odpowiednie informacje (w szczególności dotyczące barwników dostępnych w handlu), czy też nie.

4.3.4 Związek między elektronarzędziami bezprzewodowymi a efektywnością fotonów

Znamienne jest, że absorpcja fotonu o energii hv większej lub równej energii wstęgi pasmowej półprzewodnika (tj. 3,2 eV dla TiO2 w modyfikacji anatazowej) daje na ogół parę otworów elektronowych w cząstkach półprzewodnika:

$$TiO_2 + hv \rightarrow TiO_2(e^-_{CB} + h^+_{VB}) \qquad (4.1).$$

Intensywność fotonów w tym zakresie może być mierzona z CPT o dwóch różnych częstotliwościach UV podczas procesu odbarwiania. Uzyskana sprawność fotonów (PEhv) charakteryzuje się wzorem (4.2). PEhv dla danego chromoforu jest wprost proporcjonalny do wyjścia fotonu i odwrotnie proporcjonalny do CPT w skali logarytmicznej:

$$PE^{hv} = \frac{\lambda_2 - \lambda_1}{\log\frac{CPT_2}{CPT_1}} \qquad (4.2)$$

gdzie PEhv jest efektywnością fotonów wymaganą do 10-krotnego zmniejszenia CPT, λ1 częstotliwość UV lampy 1, λ2 częstotliwość UV lampy 2, CPT1 CPT otrzymany z lampą 1 przy λ1, a CPT2 jest CPT otrzymany z lampą 2 przy λ2.

Wydajność fotonów jest logiem CPT, zdefiniowanym jako bezwymiarowa liczba, tak że intensywność fotonów jest zwiększana w lampach UV, aby uzyskać wartość 1 lub 90% oscylacji w CPT. Wydedukowano to z danych eksperymentalnych. Dlatego też CPT i PEhv najlepiej opisują kinetykę odbarwiania danego organicznego roztworu barwnika (lub jego zapachu w ściekach). W przeszłości ocena efektywności fotonicznej w niejednorodnej fotokatalizie pozostawała nieuchwytna, ponieważ liczba wchłoniętych fotonów była trudna do eksperymentalnej oceny (Netto *i in.*, 2004).

Różnice w jednostkach absorpcji (uś) zmiennych zależnych (*oś y*) zaobserwowane wcześniej na wykresie 4-1 nie powodują żadnej niepewności przy ocenie PEhv, pod warunkiem że dany parametr zanieczyszczenia jest rzędu lub mniej niż 70 mg/L. Fakt ten został potwierdzony przede wszystkim podczas pomiarów kinetyki par elektronowo-otworowych w CPT w rozdziale 3. Jednostki absorpcji wahały się w zakresie 0,645-3,475 j.u. Ponadto uznano, że PEhv jest brany pod uwagę tylko w okresie odbarwiania. Przewidywanie wartości CPT dla jednej częstotliwości, przy użyciu PEhv i CPT dla dwóch innych częstotliwości jest skomplikowane, gdy jest wykonywane matematycznie.

4.3.5 Związek pomiędzy CPT a niedoborem fotonów

Natomiast niedobór fotonów (PDhv) w lampie UV o niskiej intensywności fotonów, w zależności od jej wieku, konstrukcji lub jakości, można określić na podstawie CPT dwóch pozostałych częstotliwości, z których jedna jest do niej podobna, a druga na podstawie własnych CPT. Pochodny niedobór fotonów jest wyjaśniony następującym równaniem:

$$PD^{hv} = (\lambda_2 - \lambda_1)\frac{\log\frac{CPT_1}{CPT_3}}{\log\frac{CPT_2}{CPT_1}\cdot\log\frac{CPT_2}{CPT_3}} \tag{4.3}$$

gdzie PDhv oznacza niedobór fotonów w słabszej lampie UV 3, λ1 - długość fali UV lampy 1, λ2 - długość fali UV lampy 2, CPT1 - CPT otrzymany z lampą 1 przy λ1, CPT2 - CPT otrzymany z lampą 2 przy λ2, a CPT3 - CPT otrzymany z słabszą lampą UV 3 przy równoważnej długości fali λ1.

Pomiędzy dwiema lampami UV (GL-C i GL-6), obie o długości fali 254 nm, GL-6 zachowywały się szybciej podczas okresu odbarwiania (patrz rysunki 4-1 i 4.2). Na tej podstawie uznaje się, że lampa GL-C posiada niskie natężenie fotonów. Wyniki potwierdziły ponadto, że fotokatalityczna degradacja barwników tekstylnych jest specyficzna pod względem intensywności fotonów (porównaj GL6- i GLC-) i długości fali (porównaj BLB- i GL6-). Podobnie ważne są- źródło, konstrukcja, długość łuku i wiek lamp UV. Dlatego też w przypadkach, gdy PDhv wynika z technologii lamp, konieczne jest zwiększenie produkcji fotonów, aby zapewnić wystarczająco dużo energii do zniszczenia materiału organicznego przy niskich kosztach. Gregor (1992) wskazał, że do efektywnej degradacji związków organicznych wymagane są wysokosprawne lampy, które pobudzają protony do wysokiego poziomu energii. Alternatywnie, udowodniono, że światło słoneczne jako źródło światła posiada największą część fotonów z energią potrzebną do napędzania fotoreakcji (Pérez *i in.*, 2002).

Zaobserwowano, że CPT jest użytecznym narzędziem do oceny kinetyki fotokatalitycznej degradacji barwników, a jednocześnie do oceny ilości energii promieniowania UV emitowanego przez każdą lampę podczas procesu fotokatalizy. Przynależność CPT do PEhv i PDhv jest opisana odpowiednio w par. 4.2 i 4.3. Jednakże określenie CPT z PEhv i znanych CPT jest raczej trudne do przeprowadzenia matematycznie (rozdział 3).

Tabela 4-1: Podsumowanie badanych zależności związanych z CPT.

Barwniki kwasowe	Lampa UV (nm):	CPT (min)	PEhv	PDhv
Acid Blue 45; C.I. 63010	BL-B (389):	416.6667	85.02	
$C_{14}H_8N_2Na_2O_{10}S_2$	GL-C (254):	10.7643		
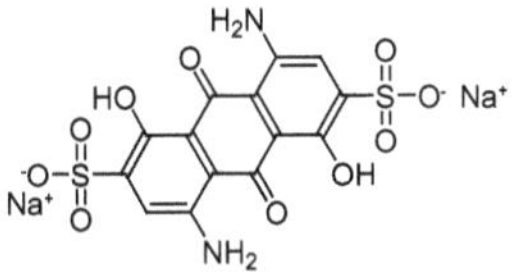	BL-B (389):	416.6667	81.86	3.16
	GL-6 (254):	9.3458		
	GL-C (254):	10.7643		
	GL-6 (254):	9.3458		
Czerwony kwas 17; C.I. 16180	BL-B (389):	119.0476	96.92	
$C_{20}H_{12}N_2Na_2O_7S_2$	GL-C (254):	4.8170		
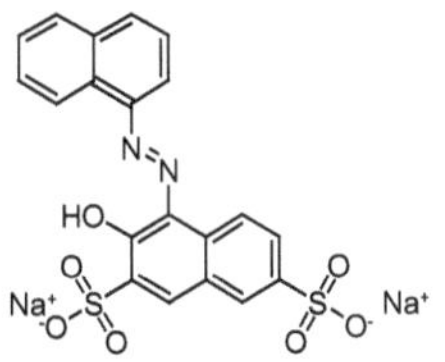	BL-B (389):	119.0476	86.34	10.58
	GL-6 (254):	3.2520		
	GL-C (254):	4.8170		
	GL-6 (254):	3.2520		
Acid Yellow 36; C.I.13065	BL-B (389):	56.1798	87.32	
$C_{18}H_{14}N_3NaO_3S$	GL-C (254):	1.5980		
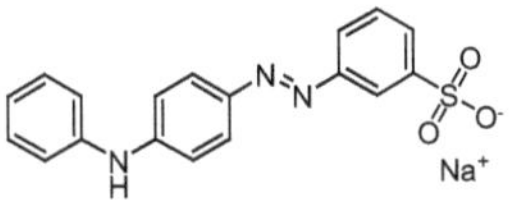	BL-B (389):	56.1798	76.11	11.21
	GL-6 (254):	0.9461		
	GL-C (254):	1.5980		
	GL-6 (254):	0.9461		
Kwas Orange 52; C.I.13025	BL-B (389):	49.0196	82.66	
$C_{14}H_{14}N_3NaO_3S$	GL-C (254):	1.1409		
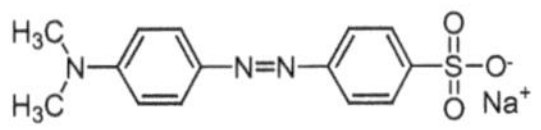	BL-B (389):	49.0196	73.37	9.29
	GL-6 (254):	0.7087		
	GL-C (254):	1.1409		
	GL-6 (254):	0.7087		

Uwaga: Wszystkie badane barwniki są barwnikami kwasowymi. Jednak głębia koloru dla Acid Blue 45 (barwnik antrachinonowy) jest skorelowana z przejściem $n \rightarrow \pi^*$ w >C=O chromogenu, podczas gdy dla pozostałych trzech barwników monoazo jest skorelowana z $n \rightarrow \pi^*$ przejściem w -N=N- chromogenie.

Całość informacji z tego badania została podsumowana w Tabeli 4-1, w której podano struktury chemiczne, liczby C.I. oraz wzory molekularne dla czterech barwników kwasowych. Zaobserwowano, że wszystkie barwniki zostały odbarwione wraz z odpowiednimi lampami UV. Lampa GL-6 była szybsza, a BL-B najwolniejsza. Jednak wzrost zobrazowanego PEhv w lampach UV spowoduje 1-ligowe drgania w kineskopach, mimo że charakter pierwotnego procesu różni się w zależności od charakteru cząsteczek barwnika. Wreszcie, w tabeli 4-1 podkreślono, że ocena PDhv w lampach UV o niskiej intensywności fotonów zależy również od charakteru barwników, charakterystyki aromatu, liczby pierścieni benzenowych, naftalenu lub antrachinonu oraz czynników związanych z masą cząsteczkową (porównaj GLC-: CPT i GL6-: CPT); dlatego też jej wartość nie może być identyczna.

Całkowite odbarwienie kwaśnych roztworów barwników tekstylnych zostało osiągnięte poprzez jednoczesne zastosowanie UV-H2O2 od początku i unieruchomienie TiO2 jako fotokatalizatora. Obliczone podczas odbarwiania CPT wyjaśniają oporność barwników organicznych oraz ocenę zarówno wydajności fotonów, jak i ich niedoboru. Napromieniowania wykonano przy użyciu różnych źródeł światła o mocy fotonu poniżej 400 nm. Zarówno intensywność fotonów, jak i specyficzne długości fal wybranych lamp UV okazują się być szczególnie specyficzne w procesie fotodegradacji barwników tekstylnych. Udało się opracować kolejny zestaw prognoz, które z rozsądną dokładnością odtwarzają dostępne doświadczalnie dane.

4.4 Odniesienia

Bahnemann, D..: Fotokatalityczna detoksykacja zanieczyszczonych wód. W: Boule, P. (ed) *The handbook of environmental chemicalstry, Vol.2, Part L, Environmental Photochemistry*, Springer, Berlin, 1999, p 286-351

Dillert, R. i Bahnemann, D..: Fotokatalityczna degradacja zanieczyszczeń organicznych: Mechanizmy i zastosowania solarne. **Biuletyn informacyjny EPA** 52(1994)33-52

Forgacs, E.; Cserháti, T. i Oros, G.: Usuwanie syntetycznych barwników ze ścieków: Rewizja. **Środowisko. Stażysta.** 30(2004)953-971

Fox, M.A.: Fotoindukowany transfer elektronów w uporządkowanych mediach. **Na górze. Curr. Chem.** 159(1991)67-101

Gregor, K.H. : Odbarwianie oksydacyjne ścieków tekstylnych za pomocą zaawansowanych procesów oksydacyjnych. Peroxid-Chemie GmbH, D-8023 Hollriegelskreuth, FRG 1992

Hufschmidt, D.; Liu, L.; Selzer, V. i Bahnemann, D..: Fotokatalityczne uzdatnianie wody: Podstawowa wiedza wymagana do jego praktycznego zastosowania. **Water Sci. Technol.** 49(2004)135-140

Netto, G.C.; Sauer, T.; Jose, H.J.; Moreira, F. i Humeres, E.: Evaluation of relative photonic efficiency in heterogeneous photocatalytic reactors. **J. Air Waste Management. Assoc.** 54(2004)1:77-88

Pérez, M.; Torrades, F.; García-Hortal, J.A.; Domènech, X. i Peral, J.: Usuwanie zanieczyszczeń organicznych w ściekach z oczyszczania masy papierniczej w warunkach Fenton i Photo-Fenton. **Appl. Catal. B: Środowisko.** 36(2002)63-74

Rothenberger, G.; Moser, J.; Grätzel, M.; Serpone, N. i Sharma, D.K.: Chwytanie nośnika ładunku i dynamika rekombinacji w małych cząstkach półprzewodnikowych. **J. Am. Chem. Soc.** 107(1985)8054-8059

Shigwedha, N.; Hua, Z. i Chen, J.: Unieruchomienie TiO2 pozwala na obecność H2O2 na starcie i zwiększa fotodegradację Acid Yellow 36 (AY-36). **J. Chem. Eng. Japonia**, 39(2006)475-480

Shiraishi, F.; Nakasako, T. i Hua Z. : Formowanie nadtlenku wodoru w reakcjach fotokatalitycznych. **J. Phys. Chem. A** 107(2003)11072-11081

Shore, J.: Struktury barwników i właściwości aplikacyjne; Barwniki i substancje pomocnicze, tom 1, Towarzystwo Barwników i Kolorystów, P 74. BTTG. Shirley, Anglia WIELKA BRYTANIA 1990

Singh, H.K.; Muneer, M. i Bahnemann, D..: Fotokatalizowana degradacja pochodnej herbicydu, bromacylu, w wodnych zawiesinach dwutlenku tytanu. **J. Photochem. Fotobiol. Sci.** 2(2003)2:151-156

Walsh, G.E.; Bahner, L.H. and Horning, W.B.: Toksyczność ścieków z młynów włókienniczych dla glonów słodkowodnych i estuaryjnych, skorupiaków i ryb. **Środowisko. Zanieczyszczenie (seria A)** 2(1980)169-179

Zollinger, H.: Chemia kolorów: *Syntezy, właściwości i zastosowania organicznych barwników i pigmentów.* P 496. John Wiley & Sons Inc. 1991

5

KOLEJNOŚĆ DEGRADACJI FOTOKATALITYCZNEJ USZEREGOWANA WEDŁUG KRYTYCZNYCH CZASÓW FOTONICZNYCH (CPTS) WSKAZUJE NA SKŁAD ORGANICZNYCH MIESZANIN BARWNIKOWYCH: SELEKTYWNOŚĆ RODNIKÓW HYDROKSYLOWYCH

Journal of Environmental Science and Health - Part A, Hazard/Toxic and Environmental Engineering, in the press.

5.1 Wprowadzenie

Analiza organicznych mieszanin barwników metodami spektrofotometrycznymi jest trudna, ponieważ zakłócenia spektralne powodują znaczne nakładanie się na siebie pasm absorpcji. W przypadku tej analizy konwencjonalna, jednoczynnikowa metoda kalibracji jest niewykonalna, ponieważ jeden gatunek zakłóca sygnały absorpcyjne drugiego (Peralta-Zamora *i in.*, 1998). Do oznaczania mieszaniny barwników w różnych matrycach zastosowano kilka metod. Wiele procedur opiera się na metodach elektroanalitycznych (Cruces-Blanco *i in.*, 1996; Mo *i in.*, 1992; Becerro-Domingues *i in.*, 1990; Maslowska i Janiak, 1990; Ni i Bai, 1997) lub elektroforetycznych (Tapley, 1995; Lord *i in.*, 1995; Desiderio *i in.*, 1998).

Przed 1995 r. metody spektrofotometryczne zalecały wstępne oddzielenie poszczególnych analitów przed rozpoczęciem analizy. Po 1995 r. nastąpił rozwój solidnych metod numerycznych (Cruces-Blanco *i wsp.*, 1996), w szczególności spektrofotometrii pochodnej sterowanej komputerowo (Pappano *i wsp.*, 1997; Dabbene *i wsp.*, 1997; Wang *i wsp.*, 1996; Prasad *i wsp.*, 1997; Vidotti *i wsp*, 2005), metoda dodawania wzorca H (Campíns-Falcó *i in.* , 1995; Campíns-Falcó *i in.* , 1996) oraz kalibracja wieloczynnikowa (Peralta-Zamora *i in.*, 1998; Miller, 1995; De Giorgi i Carpignano, 1996; De Giorgi i *in.* , 1998; De Souza i Peralta-Zamora, 2001) umożliwiły spektrofotometryczne oznaczanie analitów. Metody te są czasochłonne i pracochłonne, ponieważ modele statystyczno-matematyczne mają decydujące znaczenie dla sukcesu. Przedstawiono tu szybszy i tańszy środek kinetyczny. Istnieje jednak możliwość chemometrycznego monitorowania kinetyki odbarwiania jednego barwnika, gdy mieszanina trzech barwników jest poddawana ozonowaniu (Peralta-Zamora *i in.*, 1998). Praca ta przewiduje kinetykę fotokatalitycznego odbarwiania i mineralizacji wielu różnych rzeczywistych próbek ścieków tekstylnych z lokalnej fabryki barwienia tkanin, zawierających cztery barwniki kwaśne (Acid Orange 52, Acid Yellow 36, Acid Red 17 i Acid Blue 45), alkohol poliwinylowy (PVA) i inne nieznane nam barwniki, przy użyciu krytycznej procedury klasyfikacji czasu fotonicznego (CPT).

Teoria CPT jest bardzo użyteczną metodą kinetyczną w procesie fotokatalitycznego odbarwiania barwników tekstylnych, głównie w przewidywaniu ich procesów pierwotnych (rozdziały 3 i 4) występujących przy oświetleniu pasmowym unieruchomionego TiO2 w obecności niewielkiego stężenia H2O2FS (Shigwedha *i in.*, 2006; rozdział 2). CPT-y zostały obliczone i sklasyfikowane na 1-4 miejscach, od najmniejszych do największych. Stopnie oznaczają kolejność, w jakiej poszczególne barwniki w ściekach z tekstyliów ulegały degradacji. Rangi CPT przewidują, że kolejność degradacji wynikała z selektywności rodników hydroksylowych (HO-), niezależnie od stężenia barwnika i efektu matrycy w rzeczywistych próbkach ścieków.

5.2 Procedury eksperymentalne

5.2.1 Analizy

Prawdziwymi ściekami były ścieki pozyskane z zakładu produkcyjnego w chińskiej prowincji Jiangsu. Ścieki były silnie zabarwione ze względu na obecność barwników z procesu barwienia włókien, który jest głównym problemem w oczyszczaniu tych ścieków. Próbki przechowywano w temperaturze 4°C, aby uniknąć ich degradacji w sposób inny niż zaprogramowany i używano ich bez uprzedniej obróbki. Poniżej podano reprezentatywne wartości oparte na naszych analizach {pH: 8,78; absorbancja przy 586 nm: 0,988 (j.w.); ChZT = 426 mg/L}. Ścieki zostały wzmocnione Acid Blue 45, Acid Red 17, Acid Yellow 36 i Acid Orange 52. Barwniki kwasowe były celowo dodawane do rzeczywistych ścieków w różnych stężeniach, ponieważ ich chromofory musiały być regulowane. PVA-1799 (1500 mg/L) został również wzmocniony do rzeczywistych ścieków. Jednak zasadą tej rzeczywistej syntezy ścieków było tworzenie ścieków złożonych ze znanych, trudnych do fotodegradacji związków. Barwniki zostały zakupione od firmy Sigma-Aldrich, a ich budowę chemiczną przedstawiono w rozdziale 4, tabela 4-1.

Szybkość odbarwiania obserwowano pod względem zmian chłonności i transmitancji sygnałów, stosując 2450 Shimadzu: Corp. Spektrofotometr UV-Vis, przez 1-cm kwarcowe komórki. Absorbancji dla Acid Blue 45, Acid Red 17, Acid Yellow 36 i Acid Orange 52 zmierzono przy 606, 493, 438 i 462 nm, które odpowiadają ich maksymalnym długościom fali absorpcji w tej kolejności.

Odbarwianie zdefiniowano jako niezdolność wodnego roztworu barwnika do zachowania barwy i integralności strukturalnej podczas pierwotnego zaawansowanego procesu utleniania

(AOP) zachodzącego w układzie UV-H2O2FS-TiO2. Zarówno PVA-1799 jak i 30% (v/v) roztwór wodny H2O2 zostały zakupione od Shanghai Chemical Reagents Company. Efektywność ataku na HO oceniano na podstawie zawartości węgla organicznie związanego ogółem (TOC), węgla nieorganicznie związanego ogółem (TIC) oraz azotu związanego ogółem (TNb) za pomocą analizatora LiquiTOC wyprodukowanego przez Elementar-Company, Hanau. Oznaczenie ChZT zostało przeprowadzone poprzez trawienie próbki potasem.

dichromian (K2Cr2O7) w kwasie siarkowym i podgrzewanie do 165°C przez 10 min. Po wytrawieniu, pozostały nieredukowany K2Cr2O7 został zmierzony techniką kolorymetryczną za pomocą- przyrządu do szybkiej analizy ChZT typu 5B1- (Lanzhou Environmental Technology Co., Ltd.). PVA został zidentyfikowany za pomocą spektrofotometru Nicolet Nexus® 470 FT-IR (Thermo Electron Corp, USA). Około 0,1-0,2 mg próbek zmielono na proszek (średnica $< 0,25$ μm) wraz z 100-300 mg KBr w tyglu, a następnie wyciskano w próbniku.

5.2.2 Układ reaktora fotokatalitycznego i sposób jego działania

Reaktor fotokatalityczny (Shiraishi *i in.*, 2003), zbiornik o mieszanym przepływie oraz pompa perystaltyczna (BT00-600M, Lange, Tianjin) były połączone w pętlę i recyrkulowane w układzie zamkniętym reaktora recyrkulacyjnego wsadowego. Eksperymenty fotokatalizacyjne przeprowadzono na 400 mL ścieków zawierających znane barwniki kwasowe, PVA oraz kilka nieznanych nam barwników. Z założenia znane stężenia barwników w ich odpowiednich próbkach wahały się od 4 do 70 mg/l w sposób losowy. Wartość pH dla każdego zabiegu nie została dostosowana do żadnej wartości. Każdy zabieg był dozowany z 1 ml H2O2 i recyrkulowany z przepływem objętościowym 1 L/min w ciemności przez 5 min. Tym razem wystarczyło osiągnąć zrównoważoną adsorpcję barwników na unieruchomionej cienkiej folii TiO2 w reaktorze. Gaz O2 nie został dostarczony do systemu. Szkło cienkowarstwowe TiO2 zostało dostarczone przez Kyushu Institute of Technology (Japonia). Reakcje rozpoczęto od włączenia lampy UV w reaktorze. Lampa UV stosowana jako źródło światła była lampą bakteriobójczą (GL-6) o długości fali 254 nm (6 W; GL-6, Sankyo Electric Co, Tokio). Efekt temperaturowy był znikomy. W celu określenia CPT dla proponowanej metody pobrano kolejno próbki o objętości 5 ml ze zbiornika w odstępach 20 min.

5.3 Wyniki i dyskusja

5.3.1. Metoda klasyfikacji CPT

W tabeli 5-1 wymieniono obliczone CPT i ich stopnie w różnych stężeniach barwników w próbkach ścieków po kilku minutach oczyszczania UV-H2O2FS-TiO2. CPT obliczono na podstawie odpowiadających im wartości absorpcji (u.z.a.) i opracowano metodę rankingową tych CPT. Równanie obliczeniowe dla kineskopów do odbiorników telewizji kolorowej jest opisane w rozdziale 3 (zob. (3.7). Kinetykę odbarwiania spowodowaną przez CPT oceniono poprzez porównanie ich z różnymi

mieszanek barwników w 20-minutowych odstępach czasu i klasyfikując je od 1-4 od najmniejszego do największego. Powodem rankingu było określenie tempa utraty koloru, a tym samym przewidzenie czasu potrzebnego na odbarwianie każdego barwnika w ścieku tekstylnym. Jak zaobserwowano we wszystkich eksperymentach, pod koniec zabiegów rangi CPT były identyczne. Obserwacja ta doprowadziła nas do wniosku, że szeregi wskazują na kolejność zdegradowania tych poszczególnych barwników. Ocena stopnia CPT znanych barwników w ściekach zawierających 50 mg/L każdego barwnika została przeprowadzona w doświadczeniu kontrolnym (tabela 5-1: Stopie ń a)).

Wzór rankingu dla CPT był bardzo zrozumiały. W eksperymencie kontrolnym, CPT dla Acid Orange 52 i Acid Yellow 36 były prawie równe, ale różniły się w innych eksperymentach początkową absorpcją barwnika od 0,884 do 1,132 j.u. Ponieważ jednak CPT były w mikrosekundach, możliwe było rozróżnienie pomiędzy tymi dwoma ściśle powiązanymi barwnikami. Dlatego też oczekuje się, że w metodzie klasyfikacji CPT chromofory o prawie takiej samej strukturze molekularnej mogą być parami, gdy ich stężenia w ściekach są takie same.

Barwnik Acid Blue 45 był najbardziej odpornym barwnikiem spotykanym w procesie fotokatalitycznej degradacji, o czym świadczy stopień 4 w całym procesie, w tym najniższe jego stężenie (tabela 5-1: Stopień (d)). Ponadto, Acid Blue 45 nie był dotknięty poważnym problemem nakładania się na siebie, jak zaobserwowano wśród barwników azowych (Acid Orange 52, Acid Yellow 36 i Acid Red 17). Złożoność zakłóceń spektralnych dla barwników użytych w tej pracy przedstawiono na rysunku 5-1. Z tego powodu zaleca się stosowanie metody całkowania absorbancji (∫Abs.) w pomiarach CPT.

Zakłócenia te są szczególnie istotne w przypadku czerwieni kwaśnej 17, na której reakcję absorpcyjną mają wpływ kwaśny pomarańczowy 52 i kwaśny żółty 36. Niemniej jednak odtwarzalność i powtarzalność metody rankingowej CPT okazała się być wysoce diagnostyczną tożsamością poszczególnych barwników, w których rodniki hydroksylowe (HO-) zostały uznane za specyficzne i selektywne. Wpływ HO- stał się zauważalny bezpośrednio, gdy rangi CPT zapewniały następującą kolejność fotodegradacji: Acid Orange 52 < Acid Yellow 36 < Acid Red 17 < Acid Blue 45 pod koniec wszystkich zabiegów. Kolejność ta bardzo dobrze zgadza się z naszą poprzednią pracą nad przewidywaniem oporu, kiedy barwniki te były traktowane indywidualnie (rozdział 4).

Tabela 5-1: Stopnie CPT: skład mieszaniny (w mg/l) kwaśnych pomarańczy 52, kwaśnych żółci 36, kwaśnych czerwieni 17 i kwaśnych błękitów 45 w rzeczywistych ściekach z materiałów włókienniczych

	Ao	A	CPT	Rang a a)	Ao	A	CPT	Rang a b)	Ao	A	CPT	Rang a (c)	Ao	A	CPT	Rang a d)
Acid Orange 52	50 mg/L				45 mg/L				5 mg/L				36 mg/L			
20 minut	1.877	1.154	41.1150	1	0.900	0.460	29.7988	2	0.901	0.549	40.3709	1	1.132	0.488	23.7692	1
40 minut	1.877	0.680	39.3958	1	0.900	0.264	32.6146	1	0.901	0.355	42.9467	1	1.132	0.248	26.3450	1
60 minut	1.877	0.452	42.1423	1	0.900	0.183	37.6670	1	0.901	0.244	45.9300	1	1.132	0.174	32.0395	1
80 minut	1.877	0.314	44.7418	1	-	-	-	-	-	-	-	-	-	-	-	-
Kwaśny Żółty 36	50 mg/L				52 mg/L				33 mg/L				20 mg/L			
20 minut	1.819	1.124	41.5461	2	0.884	0.473	31.9815	3	0.965	0.597	41.6484	2	1.101	0.504	25.5952	2
40 minut	1.819	0.708	42.3909	2	0.884	0.284	35.2273	2	0.965	0.388	43.9019	2	1.101	0.271	28.5336	2
60 minut	1.819	0.447	42.7508	2	0.884	0.199	40.2373	2	0.965	0.265	46.4253	2	1.101	0.191	34.2524	2
80 minut	1.819	0.340	47.7015	2	-	-	-	-	-	-	-	-	-	-	-	-
Czerwień kwaśna 17	50 mg/L				70 mg/L				13 mg/L				12 mg/L			
20 minut	1.826	1.162	44.2492	3	0.755	0.382	29.3558	1	0.645	0.459	58.7889	3	0.887	0.412	26.0817	3
40 minut	1.826	0.787	47.5254	3	0.755	0.243	35.2841	3	0.645	0.313	55.3214	3	0.887	0.227	29.3493	3
60 minut	1.82	0.52	48.282	3	0.75	0.17	40.243	3	0.64	0.22	57.454	3	0.88	0.16	35.160	3

	6	7	6		5	0	6		5	7	7		7	1	9	
80 minut	1.82 6	0.35 4	48.763 1	3	-	-	-	-	-	-	-	-	-	-	-	-
Acid Blue 45	50 mg/L				40 mg/L				23 mg/L				6 mg/L			
20 minut	0.70 3	0.53 5	73.235 9	4	0.40 1	0.29 6	65.875 7	4	0.46 3	0.37 0	89.196 5	4	0.40 2	0.29 3	63.235 2	4
40 minut	0.70 3	0.40 6	72.859 2	4	0.40 1	0.20 8	60.936 3	4	0.46 3	0.28 9	84.871 6	4	0.40 2	0.20 1	57.707 8	4
60 minut	0.70 3	0.31 5	74.739 9	4	0.40 1	0.13 5	55.112 3	4	0.46 3	0.20 2	72.336 3	4	0.40 2	0.13 5	54.986 5	4
80 minut	0.70 3	0.22 3	69.675 2	4	-	-	-	-	-	-	-	-	-	-	-	-

Ao jest oryginalną jednostką absorbancji w zbiorniku przy maksymalnej długości fali absorpcji (AU); A jest jednostką absorbancji ścieków recyrkulowanych w czasie t (AU), a CPT jest krytycznym czasem fotonicznym (min).

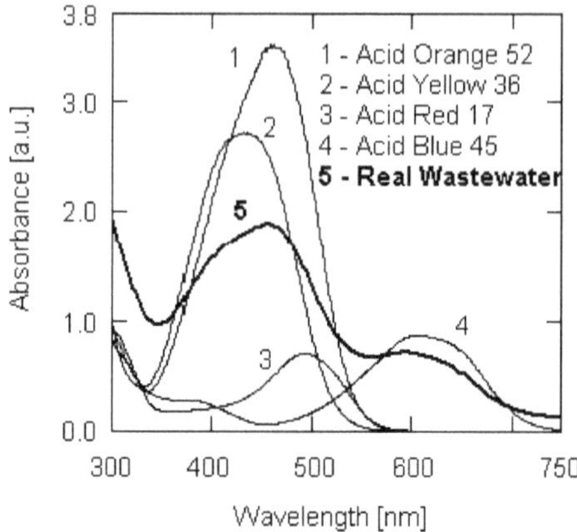

Rysunek 5-1: Typowe widma poszczególnych barwników kwasowych i ich wygląd w ściekach rzeczywistych w stężeniu 50 mg/L każdego z nich

5.3.2 Mechaniczne szczegóły dotyczące specyfiki i selektywności ataku na związki organiczne w ściekach przemysłowych: badanie teoretyczne oparte na metodzie rankingu CPT

W ataku rodników hydroksylowych barwników organicznych, chromofory są rozkładane, niezależnie od techniki użytej do utworzenia rodników HO. Grupy azowe charakteryzowały się wysokim odsetkiem odbarwień niż grupa antrachinonowa (tabela 5-1). Mechanizmy odbarwiania barwników w mieszaninach reprezentowane były przez stopnie CPT, które przewidują szczegóły reakcji tautomeru fotochromofilowego z utworzonymi rodnikami HO. W eksperymencie kontrolnym CPT zajęło miejsce w rankingu, pokazując sekwencję degradacji przez radykalne ataki HO. Ataki rozpoczęły się od dimetylo-benzenoaminy w Acid Orange 52, difenyloaminy w Acid Yellow 36 i naftaliny w Acid Red 17 w tej kolejności. Wartości bliskości CPT wskazują, że HO-radykalny atakuje grupy azowe w sposób równoległy. Obecność >C=O chromoforów w błękicie kwaśnym 45 w centralnym położeniu chromogenu diamino-dihydroantracenowo-diolowego jest uważana za przyczynę, która prowadzi do powolnego rozpadu tego wiązania z rodnikami HO. W związku z tym w rankingu CPT zademonstrowano zarówno specyfikę, jak i selektywność

regionalną ataku HO na poszczególne barwniki w obrębie jednej mieszanki. W przeszłości radykałowie HO byli uważani za nieselektywnych.
gatunki (Augugliaro i Schiavello, 1991; Mao i Smith, 1995; Glaze i in. , 1995; Liao i Gurol, 1995; Rice, 1997; Freire *i in.*, 2000; Malato i *in.*, 2000; An i Carraway, 2002; Alhakimi i *in.*, 2003; Marugán *i in.*, 2006), ale odnotowano wysoki stopień selektywności (Peller *i in.*, 2004).

5.3.2.1 Specyfika ataku na HO

Ranking CPT dla pierwszych 20 minut czasu reakcji pokazuje, jak konkretnie radykałowie HO atakują te pojedyncze barwniki w swoich ściekach tekstylnych. Eksperymenty konkurencyjne pomiędzy Acid Orange 52 i Acid Yellow 36 określają, że wiązanie azowe Acid Orange 52 zostaje przerwane najpierw, gdy stężenia dla tych barwników były identyczne (Tabela 5-1: Ranga a)). W stosunku 45:52:70 (Acid Orange 52 vs. Acid Yellow 36 vs. Acid Red 17), rodniki HO zaatakowały najpierw Acid Red 17 i zmniejszyły ogólne stężenie barwnika w ściekach o około 98% po 60 minutach, aby zrównoważyć sytuację (tabela 5-1: stopień (b)). Schemat swoistości rodników HO w czasie reakcji 20 i 40 min stał się oczywisty bezpośrednio po poddaniu ich fotokatalizacji (tabela 5-1).

5.3.2.2 Regioselektywność ataku HO

Selektywność rodników HO została wyjaśniona przez eksperymenty konkurencyjne pomiędzy chromoforami, tj. -N=N- i >C=O. W eksperymencie kontrolnym wzór rankingu wskazywał, że wiązania azowe pomiędzy pierścieniami aromatycznymi są najpierw łamane, następnie wiązanie azowe pomiędzy pierścieniami naftalenowymi, a następnie wiązanie antrachinoidalne. Acid Blue 45 zajmował bezsprzecznie 4. miejsce w całym doświadczeniu, niezależnie od jego stężenia wśród innych barwników. To doprowadziło nas do wniosku, że radykałowie HO są bardzo selektywni w swoich atakach specyfiki. Wyniki są potwierdzone na podstawie stopni CPT 20, 40, 60 i 80 min w tabeli 5-1. Wyniki sugerowały ponadto, że na koniec procesu stężenia barwników dla wszystkich proporcji wynosiły praktycznie zero. W związku z tym ich ocena była możliwa.

W innej serii doświadczeń korelacja z atakiem rodnikowym TOC, TIC, TNb i HO została dokonana na łącznym stężeniu CODPVA wynoszącym 869,55 (mg/L) wraz z barwnikami z eksperymentu kontrolnego (tabela 5-1: Ranga (a)). Wyniki przedstawiono na rysunku 5-2.

Po 450 min. czasu utleniania, dla wszystkich barwników i stężenia PVA w ściekach z mieszanin zawierających barwniki osiągnięto prawie całkowitą mineralizację. Jednocześnie obserwowano zarówno wskaźnik usuwania TOC, jak i redukcję ChZT o około 90%. Węglowodory organiczne były jedynym celem procesu utleniania za pośrednictwem HO, który ostatecznie doprowadził do powstania CO_2 i H2O. Kluczową obserwacją w procesie degradacji TOC jest to, że nie doszło do znaczącego nagromadzenia TIC lub TNb, co potwierdziło główną siłę rodników HO i ich kolejność selektywności podczas całego procesu fotokatalitycznej degradacji. Redukcja ChZT w procesie utleniania tego syntetycznego ścieku tekstylnego za pomocą HO wynika z redukcji TOC.

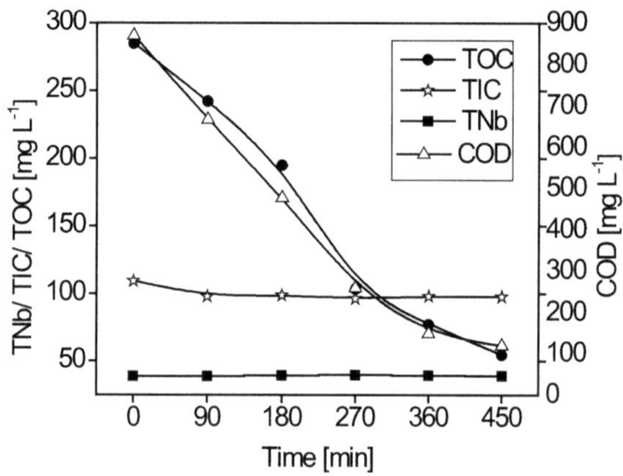

Rysunek 5-2: Fotokataliza całkowitego stężenia CODPVA wynoszącego 869,55 (mg/L) razem z barwnikami (Acid Orange 52, Acid Yellow 36, Acid Red 17, Acid Blue 45) w swojej mieszaninie 50 mg/L każda

Na rysunku 5-3 można również wyraźnie zaobserwować, że degradacja PVA, mierzona jako selektywność ataku HO, została potwierdzona przez promieniowanie podczerwone, wskazujące na degradację głównych składników PVA zaraz po szeregach CPT. Asymetryczne drgania rozciągające PVA dokładnie na poziomie 2943 cm-1 i 2908 cm-1 w napływie były wyraźne dla tej identyfikacji. W ściekach potwierdzono drgania deformacji PVA na poziomie około 1404 cm-1. Poza tym dwa charakterystyczne pasma dla siarczanów nieorganicznych na poziomie około 1130 cm-1 i 621 cm-1 wydawały się być nienaruszone, a produkty ich degradacji i tworzenia były w stanie równowagi, jak zaobserwowano wcześniej przez analizę TNb/TIC. Podobnie, drgania odkształceniowe NH2 w próbce ścieków również były obserwowane na poziomie około 1620 cm-1.

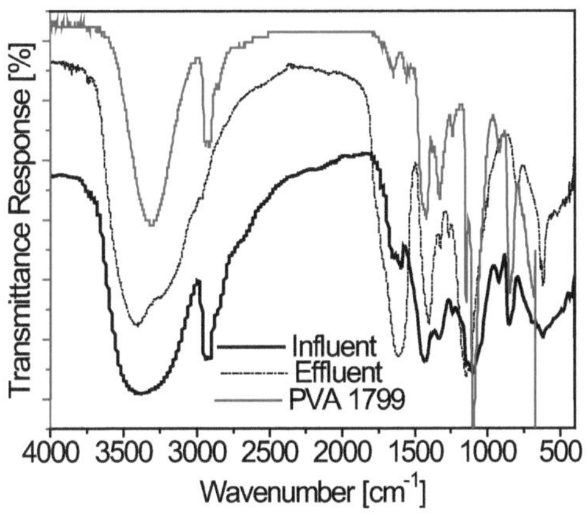

Rysunek 5-3: Widma FT-IR dla badanych ścieków tekstylnych składający się z PVA-1799 (przed i po obróbce)

Wykazano przydatność metody rankingowej CPT w identyfikacji barwników organicznych. Metoda ta pozwoliła na złożoność rozdzielczości widm absorpcji barwników w ściekach tekstylnych, pozwalając na rozdzielenie chromoforów, w szczególności grup azowych. Wyniki uzyskane z porównania czterech złożonych próbek ścieków w tabeli 5-1 były zrozumiałe, co wskazuje, że możliwe jest określenie składu mieszanin barwnikowych metodą rankingową CPT. Znajomość stężeń barwników w ściekach nie była kluczowa, ponieważ maksymalne jednostki absorbancji reprezentowały początkowe stężenia barwników. Stwierdzono, że HO- działał wyraźnie i selektywnie podczas procesu fotokatalizy. Wpływ tych wysoce reaktywnych gatunków prowadzi do następującej kolejności rozkładu: Acid Orange 52 < Acid Yellow 36 < Acid Red 17 < Acid Blue 45 < PVA. Szczegółowe stężenia barwników w pobranych pod koniec procesu próbkach zostały zmineralizowane do oceny. Połączenie metody rankingowej CPT z mechanizmem ataku rodników HO dobrze nadaje się do jednoczesnego oznaczania związków organicznych w mieszaninach. Chociaż mechaniczne szczegóły dotyczące specyfiki i regionalnej selektywności radykałów domowych mogą być bardziej skomplikowane, to praktyczna użyteczność rankingów CPT jest niezbędna.

5.4 Odniesienia

Alhakimi, G.; Gebril, S. i Studnicki, L.H.: Porównawcza degradacja fotokatalityczna z wykorzystaniem naturalnego sztucznego światła UV 4-chlorofenolu jako związku reprezentatywnego w ściekach rafineryjnych. **J. Photochem. Fotobiol. A: Chem.** 157(2003)103-109

An, Y.-J. i Carraway, E.R.: degradacja PAH przez UV/H2O2 w perfluorowanych roztworach środków powierzchniowo czynnych. **Badania nad wodą** 36(2002)309-314

Augugliaro, V. i Schiavello, M.: Pochłanianie fotonu przez wodną dyspersję TiO2 zawartą w mieszanym fotoreaktorze. **AlChE J.** 37(1991)1096-1100

Becerro-Domingues, F.; Gonzales, D.F. i Hernández, M.J.: Oznaczanie żółcieni zachodzącego słońca i tartrazyny metodą polarografii różnicowej pulsu. **Talanta** 37(1990)655-658

Campíns-Falcó, P.; Gallo-Martínez, L.; Sevillanò-Cabeza, A. i Bosch-Reig, F.: Standardowa metoda dodawania punktów H w przypadku braku efektu matrycy. Zastosowanie do oznaczania niektórych cefalosporyn i ich kwaśnych produktów degradacji. **Anal. List** 29(1996)2039-2054

Campíns-Falcó, P.; Verdú-Andrés, J. i Bosch-Reig F.: Standardowa metoda dodawania punktu H do rozdzielczości mieszanek dwuskładnikowych z jednoczesnym dodawaniem obu analitów. **Anal. Chim. Acta** 315(1995)267-278

Cruces-Blanco, C.; García, C.A.M. i Alés, B.F.: Pochodne spektrofotometryczne rozdzielczości mieszanin barwników spożywczych: tartrazyny, amarantów i kurkuminy w środowisku micelarnym. **Talanta** 43(1996)1019-1027

Dabbene, V.G.; Briñón, M.C. i Bertorello, M.M.: Drugorzędna metoda spektrofotometryczna UV do oznaczania kinetyki degradacji 3-bromo-N-bromo-(3,4-dimetylo-5-izoksazolilo-4-aminy)-1,2-naftochinonu. **Talanta** 44(1997)159-164

De Giorgi, M.R. i Carpignano, R.: Projektowanie barwników o wysokich właściwościach technicznych dla jedwabiu metodą chemometryczną. Barwniki **Pigmenty** 30(1996)7988

De Giorgi, M.R.; Carpiagnano, R. i Cerniani, A.: Optymalizacja struktury w serii barwników rozpraszających tiadiazol przy użyciu podejścia chemometrycznego. **Barwniki Pigmenty** 37(1998)187196

De Souza, K.V. i Peralta-Zamora, P..: Oznaczanie spektrofotometryczne fenolu w obecności kongenerów za pomocą kalibracji wieloczynnikowej. **An. Acad. Staniki. Cienc.** 73(2001)519-524

Desiderio, C.; Morra, C. i Fanali, S..: Analiza ilościowa syntetycznych barwników w szmince za pomocą mikrokinetycznej elektrochemicznej chromatografii kapilarnej. **Elektroforeza** 19(1998)1478-1483

Freire, R.S.; Kunz, A. i Durán, N.: Niektóre chemiczne i toksykologiczne aspekty oczyszczania ścieków z papierni za pomocą ozonu. **Środowisko. Technol.** 21(2000)717-721

Glaze, W.H.; Lay, Y. i Kang, J.: Zaawansowane procesy utleniania. Model kinetyczny do utleniania 1-2-dibromo-3-chloropropanu w wodzie poprzez połączenie nadtlenku wodoru i promieniowania UV. **Ind. Eng. Chem. Res.** 34(1995)2314-2323

Liao, C. i Gurol, M.D.: Chemiczne utlenianie poprzez fotolityczny rozkład nadtlenku wodoru. **Środowisko. Sci. Technol.** 29(1995)3007-3014

Lord, G.A.; Gordon, D.B.; Tetler, L.W. and Carr, C.M.: Electrochromatografia - elektrospray spektrometria masowa barwników tekstylnych. **J. Chromatogr. A** 700(1995) 27-33

Malato, S.; Blanco, J.; Richter, C. i Maldonado, M. I. : Optimization of pre-industrial solar photocatalytic mineralization of commercial pesticides. Zastosowanie do recyklingu pojemników z pestycydami. **Appl. Catal. B: Środowisko.** 25(2000)31-38

Mao, H.-Z. i Smith, D.W.: W kierunku mechanizmu wyjaśniania i kinetyki odbarwiania ozonu i odchlorowywania ścieków z celulozowni. **Ozone Sci. Engng.** 17(1995)419-448

Marugán, J.; Hufschmidt, D.; López-Munõz, M.-J.; Selzer, V. i Bahnemann, D..: Sprawność fotoniczna do fotoutleniania metanolu i wytwarzania rodników hydroksylowych na nośnikach krzemionkowych fotokatalizatorów TiO2. **Appl. Catal. B: Środowisko.** 62(2006)201-207

Masłowska, J. i Janiak, J.: Badania nad elektrochemiczną redukcją żółtego barwnika spożywczego FCF. **Deutsche-Lebenmittel-Rundschau** 86:5(1990)146-149

Miller, C.E.: The use of chemometric techniques in process analytical method. **Chemometria Intell. Laboratorium. Syst.** 30(1995)11-22

Mo, S.; Na, J.; Mo, H. i Qu, X..: Voltametryczne badanie zachowania się amarantów na elektrodzie cienkowarstwowej rtęciowej. **Talanta** 39(1992)1255-1258

Ni, Y. i Bai, J.: Jednoczesne wyznaczanie amarantowości i żółcieni pomarańczowej przez pochodną stosunku woltametrii. **Talanta** 44(1997)105-109

Pappano, N.B.; De Micalizzi, Y.C.; Debattista, N.B. i Ferreti, F.H.: Szybkie i dokładne oznaczanie maleinianu chlorfenraminy, chlorowodorku noscapiny i guaifenesyny w mieszankach dwuskładnikowych metodą spektrofotometrii pochodnej. **Talanta** 44(1997)633-639

Peller, J.; Wiest, O. i Kamat, P.V. : Rola rodnika hydroksylowego w naprawieniu pospolitego herbicydu, kwas 2, 4-dichlorofenoksyoctowy (2,4-D). **J. Phys. Chem. A** 108(2004)10925-10933

Peralta-Zamora, P.; Kunz, A.; Nagata, N. i Poppi, R.J.: Spectrophotometryczne oznaczanie organicznych mieszanin barwników za pomocą kalibracji wieloczynnikowej. **Talanta** 47(1998)77-84

Prasad, C.V.N.; Gautman, A.; Bharadwaj, V. i Parimmo, P.: Różnicowe pochodne spektrofotometryczne oznaczania fenobarbitonu i soli sodowej fenytoiny w połączonych preparatach tabletek. **Talanta** 44(1997)917-922

Ryż, R.G.: Zastosowanie ozonu w oczyszczaniu ścieków przemysłowych: Rewizja. **Ozone Sci. Engng.** 18(1997)477-515

Shigwedha, N.; Hua, Z. i Chen, J.: Unieruchomienie TiO2 pozwala na obecność H2O2 na starcie i zwiększa fotodegradację Acid Yellow 36 (AY-36). **J. Chem. Eng. Japonia**, 39(2006)475-480

Shiraishi, F.; Nakasako, T. i Hua Z. : Formowanie nadtlenku wodoru w reakcjach fotokatalitycznych. **J. Phys. Chem. A** 107(2003)11072-11081

Tapley, K.N.: Capillary electrophoretic analysis of the reactions of bifunctional reactive dyes under various conditions including a study of the analysis of the traditionally difficult to analyze phthalocyanine dyes. **J. Chromatogr. A** 706(1995)555-562

Vidotti, E.C.; Cancino, J.C.; Oliveira, C.C. i Rollemberg, M.C.E.: Jednoczesne oznaczanie barwników spożywczych za pomocą pierwszej pochodnej spektrofotometrii z sorpcją na piance poliuretanowej. **Anal. Sci.** 21(2005)149-153

Wang, N.X.; Si, Z.K.; Yang, J.H.; Du, A.Q. i Li. Z.D.: Jednoczesne oznaczanie neodymu, erbu i holmu w mieszaninach metali ziem rzadkich z 2-fenylotrifluoroacetonem i eterem poli(glikolu etylenowego) oktylofenolu metodą spektrofotometrii trzeciej pochodnej. **Talanta** 43(1996)589-593

6

WYKORZYSTANIE CAŁKOWITEGO WĘGLA ORGANICZNEGO (TOC) DO OPISANIA ŁĄCZNEGO WPŁYWU OPORU DYFUZYJNEGO FOLII, CZASU RETENCJI I SPRAWNOŚCI PRZEMIANY NA CIENKOWARSTWOWĄ FOLIĘ TIO2- W FOTOKATALIZIE ŚCIEKÓW TEKSTYLNYCH

6.1 Wprowadzenie

W reaktorze fotokatalitycznym z przepływem pierścieniowym reakcja fotokatalityczna zachodzi na cienkiej warstwie TiO2 pokrywającej wewnętrzną powierzchnię szklanej rurki (rysunek 6-1). Minutowe stężenie H2O2 jest obecne od początku. W sąsiedztwie fotokatalizatora znajduje się film dyfuzyjny. Związki organiczne zawarte w cieczy luzem rozpraszają się przez błonę do fotokatalizatora, a następnie ulegają rozkładowi na powierzchni fotokatalizatora wzbudzonej światłem UV. Oczyszczanie związków organicznych w ściekach jest uzależnione od oporu dyfuzyjnego folii. Wzrost prędkości liniowej cieczy skutecznie eliminuje opór dyfuzyjny filmu i zwiększa aktywność fotokatalityczną (Wang *i in.*, 2002, Wang i Shiraishi, 2002).

Z drugiej strony, gdy natężenie przepływu recyrkulacyjnego jest wystarczająco duże w stosunku do natężenia reakcji fotokatalitycznej, a konwersja jest bardzo mała dla jednego przejścia płynu reakcyjnego przez reaktor, reaktor ten zachowuje się podobnie jak reaktor wsadowy. Wyjaśnia to, w jaki sposób związki organiczne są wypłukiwane z cienkiej warstwy TiO2 bez dostatecznego rozkładu z powodu krótkiego czasu retencji. Do chwili obecnej istnieje tylko kilka doniesień o reakcjach fotokatalitycznych, które były analizowane kinetycznie z uwzględnieniem obecności oporu dyfuzyjnego filmu.

Oprócz relacji pomiędzy CPT i TOC, która została opisana w poprzednim rozdziale (rozdział 5), odczyty TOC (same w sobie) są również bardzo użytecznym miernikiem kinetycznym, który reprezentuje łączny wpływ oporu dyfuzyjnego kliszy, czasu retencji i sprawności konwersji na unieruchomiony fotokatalizator TiO2. Celem badań było zbadanie za pomocą TOC, łącznego wpływu parametrów fotokatalitycznych, a mianowicie oporu dyfuzyjnego błony, czasu retencji reaktora na fotokatalizator oraz sprawności konwersji na unieruchomiony TiO2. Minutowe stężenie H2O2 było obecne od początku, jak zwykle.

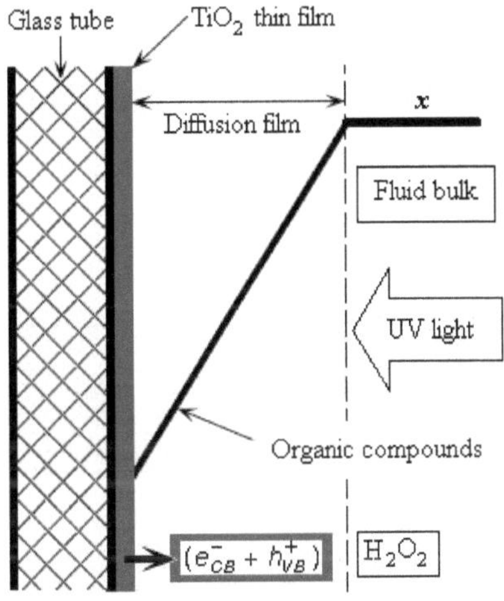

Rysunek 6-1: Rozkład TOC w sąsiedztwie cienkiej warstwy TiO2 od wewnątrz powierzchnia szklanej rurki; *x* oznacza natężenie przepływu w L/min.

6.2 Procedury eksperymentalne

6.2.1 Analizy

Prawdziwymi ściekami były ścieki pozyskane z zakładu produkcyjnego w chińskiej prowincji Jiangsu. Ścieki były silnie zabarwione ze względu na obecność barwników z procesu barwienia włókien, który jest głównym problemem w oczyszczaniu tych ścieków. Próbki przechowywano w temperaturze 4°C, aby uniknąć ich degradacji w sposób inny niż zaprogramowany i używano ich bez uprzedniej obróbki. Poniżej podane są reprezentatywne wartości oparte na naszych analizach {pH: 9,62; absorbancja przy 575 nm: 0,785 (j.w.); ChZT = 300 mg/L}. W czasie tego badania ścieki były odwirowywane z prędkością 8000 obr./min przez 15 minut, aby pomóc w redukcji cząstek stałych. Ścieki zostały wzmocnione Acid Blue 45, Acid Red 17, Acid Yellow 36, Acid Orange 52 i PVA-1799. Barwniki zostały pozyskane z firmy Sigma-Aldrich Company, a ich budowę chemiczną przedstawiono już w rozdziale 4 (tabela 4-1). Zasada tej rzeczywistej syntezy ścieków polegała na wytworzeniu ścieków złożonych ze znanych, trudnych do fotodegradacji związków organicznych. Zarówno PVA-1799 jak i 30% (v/v) roztwór wodny H2O2 zostały zakupione od Shanghai Chemical Reagents Company. Analizę TOC przeprowadzono za pomocą analizatora całkowitego węgla organicznie związanego (TOC), przy użyciu analizatora LiquiTOC firmy Elementar-Company, Hanau.

6.2.2 Układ reaktora fotokatalitycznego i sposób jego działania

Reaktor fotokatalityczny, zbiornik o mieszanym przepływie oraz pompa perystaltyczna (BT00-600M, Lange, Tianjin) zostały połączone w pętlę i recyrkulowane w zamkniętym systemie reaktora recyrkulacyjnego (Shigwedha *i in.*, 2006, 2007; Rysunek 2-2). Eksperymenty fotokatalizacyjne przeprowadzono na 400 mL ścieków zawierających znane barwniki kwasowe, PVA-1799, oraz kilka nieznanych nam barwników. Wartość pH dla każdego zabiegu nie została dostosowana do żadnej wartości. Zabiegi dozowano 1 mL H2O2 i recyrkulowano przy objętościowym natężeniu przepływu 1,2 L/min w ciemności przez 5 min. Tym razem wystarczyło osiągnąć zrównoważoną adsorpcję węgla organicznego na unieruchomionej cienkiej warstwie TiO2 w reaktorze. Gaz O2 nie został dostarczony do systemu jak zwykle. Szkło cienkowarstwowe TiO2 zostało dostarczone przez Kyushu Institute of Technology (Japonia). Reakcje rozpoczęto od włączenia lampy UV w reaktorze. Lampa UV stosowana jako źródło światła była lampą bakteriobójczą (GL-6) o długości fali 254 nm (6 W; GL-6, Sankyo Electric Co, Tokio). Efekt temperaturowy również był znikomy. W celu określenia TOC dla proponowanych wielkości przepływu kolejno pobierano ze zbiornika ilości 5 ml w odstępach 60 minutowych. Eksperymenty były przeprowadzane w replikach.

6.3 Wyniki i dyskusja

6.3.1 Przebiegi kontrolne

Przeprowadzono dwa przepływy objętościowe (0,6 i 1,2 L/min) w celu określenia łącznego wpływu oporu dyfuzyjnego folii, sprawności konwersji i czasu retencji w układzie UV-H2O2FS-TiO2. Na rys. 6-2 można zaobserwować, że rozkład fotokatalityczny, mierzony jako konwersja TOC, jest bardzo znaczący przy 1,2 L/min, osiągając 83% stopień degradacji w czasie retencji 420 min. Sterowanie 0,6 L/min wykazuje ograniczone współczynniki degradowalności, osiągając maksymalne wartości konwersji 71% w ciągu 420 min. Fakt, że wydajność konwersji była niższa na poziomie 0,6 L/min potwierdza obecność oporu dyfuzyjnego folii w układzie i sugeruje mechanizmy, które bezpośrednio wiążą się z jego wpływem na opóźnienie fotokatalitycznej degradacji związków organicznych. Główną przyczyną zwiększonego stopnia pozornego utleniania fotoutwardzalnego jest

TOC o zwiększonym natężeniu przepływu to współczynnik rozcieńczenia w zbiorniku zasilającym - objętościowe natężenie przepływu oczyszczanej cieczy (***x***) / objętość zbiornika zasilającego (V). Dla zilustrowania tego punktu przeprowadzono bilans materiałowy wokół zbiornika zasilającego i uzyskano równanie (6.1).

Po sprawdzeniu równania (6.1), pozorny wskaźnik degradacji TOC powinien wzrastać wraz z objętościowym natężeniem przepływu, jeżeli inne zmienne są utrzymywane na stosunkowo stałym poziomie, a to właśnie zaobserwowaliśmy, jak pokazano na rysunku 6-2. Oznaczało to, że przy objętościowym natężeniu przepływu wynoszącym 1,2 L/min nie wystąpił istotny efekt oporu dyfuzyjnego folii.

$$V\frac{TOC_O}{t_r} = x\,(TOC_O - TOC_R) \qquad (6.1)$$

gdzie x = objętościowe natężenie przepływu (L min-1)

V = objętość zbiornika (400 mL)

x/V = współczynnik rozcieńczenia w zbiorniku zasilającym (min-1)

TOCR = TOC ścieków recyrkulowanych w czasie retencji $_{tr}$.

TOCO = oryginalny TOC w zbiorniku

TOCR /tr = TOC na jednostkę czasu w zbiorniku w czasie retencji tr (mg/L/min)

Shiraishi i jego współpracownicy stwierdzili, że gdy prędkość liniowa w pobliżu powierzchni fotokatalizatora jest wystarczająco duża, opór dyfuzyjny filmu staje się znikomy (Shiraishi *i in.*, 2006). Należy również wiedzieć, że gdy prędkość liniowa w pobliżu powierzchni fotokatalizatora jest wystarczająco duża, to konwersja TOC w czasie retencji $_{tr}$ jest obniżona. Wyjaśnia to, w jaki sposób TOC jest wypłukiwany z fotokatalizatora bez dostatecznego rozkładu. Z drugiej strony, w regionie o znacznie niższym trybie recyrkulacji, istnieje opór filmowo-dyfuzyjny, co zmniejsza szybkość reakcji fotokatalitycznych.

Przeliczniki TOC w układzie recyrkulacyjnym partii obliczono na podstawie danych doświadczalnych, korzystając z równania (6.2).

$$\text{Conversion efficiency} = \frac{TOC_0 - TOC_R}{TOC_0} \times 100\% \qquad (6.2).$$

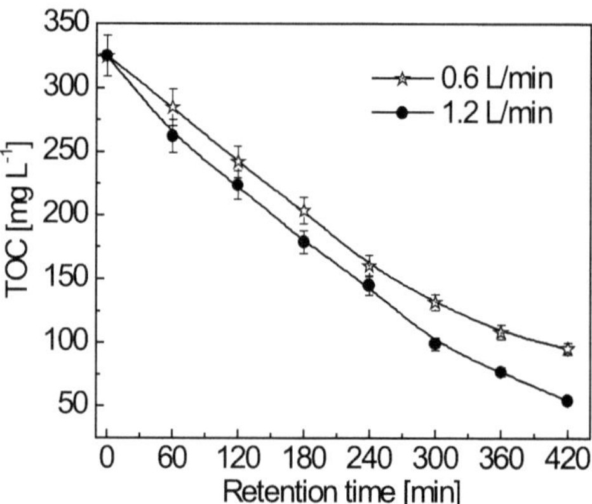

Rysunek 6-2: Przeliczanie TOC za pomocą systemu UV-H2O2FS-TiO2 przy objętościowych natężeniach przepływu 0,6 i 1,2 L/min

6.3.2 Ocena TOC, TIC i TNb

Prawdopodobieństwo TOC przetrwanie na czas retencji ślady zmniejsza się z przyrostem napromieniowania czasy (przetrwanie czasy) ponieważ organiczne węgle adsorbują na TiO2 cienkiej warstwie i wystarczająco rozkładają się tam. Obszar zacieniony reprezentuje trend TOC przy obu objętościowych wartościach przepływu 0,6 i 1,2 L/min poprzez zmienną transformację przy użyciu analizy przetrwania modelu Coxa (Hosmer i Lemeshow, 1999, rysunek 6-3). Oczekuje się jednak, że niezwykłe konwersje TOC będą się szybciej zmniejszać przy 1,2 L/min. Jak zaobserwowano wcześniej na rysunku 6-2, w trybie recyrkulacji 1,2 l/min przeliczniki przewyższają przeliczniki w trybie recyrkulacji 0,6 l/min. Wyjaśnia to istnienie oporu dyfuzyjnego filmu w tym ostatnim trybie recyrkulacji, zmniejszając tym samym szybkość reakcji fotokatalitycznych.

Ponadto oczekuje się, że znaczne stężenie TNb i TIC wykryte w próbkach będzie utrudniać tempo fotoutleniania TOC. Ponieważ fotoutlenianie zachodzi na powierzchni cienkiej warstwy TiO2, obecność TNb lub TIC w ściekach łatwo adsorbuje się na cienkiej warstwie TiO2, stąd oczekuje się, że opóźni fotoutlenianie TOC w ten czy inny sposób przy obu prędkościach przepływu. Ponadto, jeżeli uznamy, że rodnik hydroksylowy jest specyficzny i selektywny, jak podano w rozdziale 5, nie oczekuje się, że znaczne stężenie TNb i/lub TIC stwierdzone w próbce poddanej obróbce, zgodnie z rysunkiem 6-4, utrudni tempo fotoutleniania TOC.

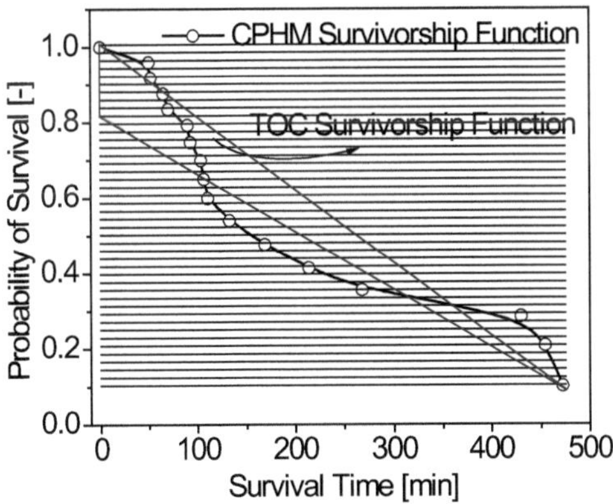

Rysunek 6-3: Proporcjonalny model zagrożeń Cox (CPHM): Modelowanie regresji czasu do Dane dotyczące zdarzeń (Odniesienie do funkcji rozbitków CPHM: Hosmer i Lemeshow, 1999)

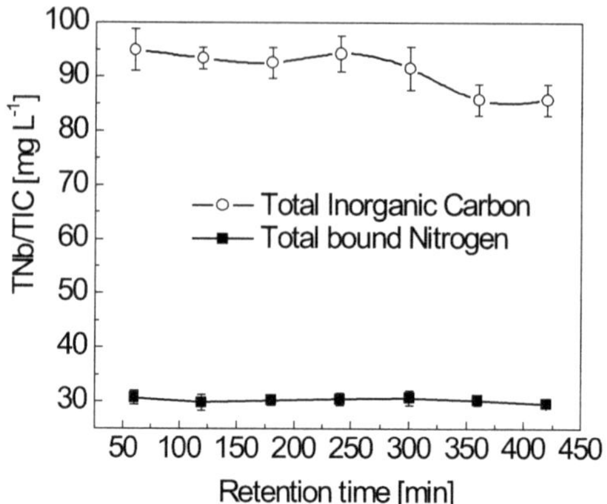

Rysunek 6-4: Ocena TIC i TNb w degradacji fotokatalitycznej TOC po upływie czasu retencji 240 min.

Ponieważ 83% degradacji TOC w 420 min czasu retencji jest realizowane, podejście TOC wydaje się być odpowiednie do opisania połączonego wpływu oporu dyfuzyjnego folii, czasu retencji i sprawności konwersji na unieruchomiony TiO2 podczas fotokatalizy ścieków tekstylnych.

6.4 Odniesienia

Hosmer, D.W. i Lemeshow, S.: *Zastosowana analiza przetrwania: Modelowanie regresji czasu do danych zdarzeń*, John Wiley and Sons Inc, Nowy Jork, 1999

Shigwedha, N.; Hua, Z. i Chen, J.: Nowy fotonowy pomiar kinetyczny wywołany rozważaniem kinetyki par otworów elektronowych w fotodegradacji ścieków tekstylnych przy użyciu procesu UV-H2O2FS-TiO2. **J. Nauki o środowisku** 19(2007), *w prasie*

Shigwedha, N.; Hua, Z. i Chen, J.: Unieruchomienie TiO2 pozwala na obecność H2O2 na starcie i zwiększa fotodegradację Acid Yellow 36 (AY-36). **J. Chem. Eng. Japonia**, 39(2006)475-480

Shiraishi, F..; NaganoM. i Wang, S.: Characterization of photocatalytic reaction in a continuous-flow recirculation reactor system. **J. Chem. Technol. Biotechnol.** 81(2006)1039-1048

Wang, S. i Shiraishi, F.: Rozkład kwasu mrówkowego w dwóch typach reaktorów fotokatalitycznych: wpływ oporu błony dyfuzyjnej i penetracji światła UV na szybkość rozkładu. **Ekoinżynieria** 14(2002)9-17

Wang, S.; Shiraishi, F. i Nakano, K.: Synergiczny wpływ fotokatalizy i ozonowania na rozkład kwasu mrówkowego w roztworze wodnym. **Chem. Eng. J.** 87(2002)261-271

7

WNIOSKI I SUGESTIE

7.1 Wnioski

Wnioski zawarte w niniejszej pracy stanowią podsumowanie najnowszych badań związanych z kinetyką fotokatalitycznej degradacji ścieków tekstylnych. Udało się osiągnąć trzy odrębne tematy:

(1) Opracowanie nowego systemu fotokatalitycznej degradacji do oczyszczania dużej ilości ścieków tekstylnych.

(2) Rozwój CPT jako miary kinetycznej, uzupełniony o dwa (2) inne nowe terminy w fotokatalizie zwane efektywnością fotonów (PEhv) i niedoborem fotonów (PDhv).

(3) Opracowanie modelu kinetycznego wykorzystującego TOC do opisania połączonego wpływu oporu dyfuzyjnego folii, czasu retencji i wydajności konwersji na unieruchomiony TiO2.

Główne wyniki uzyskano w następujący sposób:

(1) Proces unieruchomienia katalizatora umożliwił obecność H2O2 na początku procesu fotodegradacji bez obawy przed rekombinacją, konkurencją pasma elektronów i zniszczeniem unieruchomionego fotokatalizatora. W rzeczywistości zastosowanie H2O2FS przyspiesza bezzwłocznie fotokatalityczną degradację ścieków zawierających barwnik. Fotodegradacja ścieków zawierających barwniki w procesie UV-H2O2FS-TiO2 została poprawiona o 90%. Odbarwianie w tym samym procesie rozpoczyna się wraz z rozpoczęciem naświetlania promieniami UV i postępuje wraz z kontynuacją dystrybucji światła UV.

(2) Przeprowadzono i uznano, że metoda enzymatyczna jest najlepiej reagującą metodą, która dokładnie mierzy kinetyczne formacje stężenia ekstra-H2O2 i kinetyczny rozkład stężenia ekstra-H2O2, zarówno na wszystkich poziomach stężenia H2O2 w fotokatalizowanych ściekach.

(3) Proces UV-H2O2FS-TiO2 nie pozwalał na regulację pH (zakres: 3-10) ani na wpływ temperatury (zakres: 4-45°C) na wydajność degradacji fotokatalitycznej w zakresie tych parametrów. pH wzrasta, a nie maleje, jak to miało miejsce w przypadku wcześniej wypróbowanych metod AOP. W ramach tego samego procesu, proces unieruchamiania TiO2 w cienkiej folii sprawił, że pomiar ilości konwersji stał się bezproblemowy i nieszkodliwy. Stwierdza się, że przy oświetleniu o różnych częstotliwościach UV elektrony w unieruchomionym półprzewodniku są wzbudzane z pasma walencyjnego do pasma przewodzenia, dając w ten sposób tworzenie się par otworów na elektrony ze stałą prędkością.

(4) CPT, czas ekspozycji na promieniowanie UV wymagany do spowodowania 90% drgań pomiędzy podwójnymi i pojedynczymi wiązaniami wzdłuż łańcucha molekularnego barwników, które mają być utlenione, został pobrany i wykorzystany jako miara aktywności fotokatalitycznej. Nazywa się to Krytyczny Czas Fotoniczny lub CPT. Należy wiedzieć, że kineskopy różnią się w zależności od częstotliwości obszarów spektralnych UV. W tej tezie dostępne są wyporowe modele CPT. Kinetyka oparta na CPT(ach) lepiej wyjaśnia czasochłonne obserwacje podczas pierwotnej i całkowitej odbarwiania barwników organicznych. CPT można obliczyć na fotokatalityczną degradację wszelkich barwników organicznych. Ponadto, obliczenia CPT przewidują oporność barwników,

przewidują wpływ efektywności fotonów (PEhv) i niedoborów fotonów (PDhv) w źródłach światła UV z dokładnością co najmniej 98%.

(5) Opracowano również metodę klasyfikacji CPT, która może być wykorzystywana do rozróżniania znanych barwników w roztworze mieszaniny. CPT można obliczyć i uszeregować odpowiednio od najmniejszego do największego. Stopnie wskazują kolejność, w jakiej poszczególne barwniki w mieszaninach ulegają fotokatalitycznemu rozkładowi. Opisana procedura pozwala każdemu monitorować kinetykę fotokatalitycznej degradacji barwników, nawet w mieszankach o różnych stężeniach.

(6) Wynik ataku rodników HO został uznany za konsekwentnie specyficzny i regionalny dla poszczególnych barwników w mieszaninie. Aby wyjaśnić wpływ HO-· ustalono kolejność fotokatalitycznego rozkładu Acid Orange 52 < Acid Yellow 36 < Acid Red 17 < Acid Blue 45 < PVA.

(7) Stwierdza się również, że znaczne stężenia TNb i/lub TIC, które występują w ściekach zawierających barwnik, nie hamują tempa fotoutleniania TOC, ponieważ poprawa fotokatalitycznej degradacji TOC w ściekach tekstylnych wynika głównie ze specyficznego i selektywnego oddziaływania rodników hydroksylowych. To ostatnie zostało potwierdzone badaniami rankingowymi CPT wykorzystującymi zarówno syntetyczne jak i rzeczywiste ścieki tekstylne.

(8) Poza związkiem pomiędzy CPT a mineralizacją, odczyty redukcji TOC są również bardzo instrumentalnym miernikiem kinetycznym, który reprezentuje połączone efekty oporu dyfuzyjnego kliszy, czasu retencji i sprawności konwersji po unieruchomieniu fotokatalizatora. W oparciu o dwa regulowane objętościowe natężenia przepływu 0,6 i 1,2 L/min.

obliczone sprawności konwersji przy czasach retencji 420 min zostały utrzymane na poziomie odpowiednio 71 i 83%.

Chociaż niewielka zdolność do degradacji UV-alone, UV-TiO2 i UV-H2O2FS jest realizowana dla redukcji TOC w warunkach beztlenowych, nie powinny były one być ignorowane bez dalszej analizy. Obejmuje to warunki tlenowe lub dostarczanie innych utleniaczy lub gazów, szczególnie w przypadku systemu UV-TiO2. Niemniej jednak, opracowany w tej pracy proces UV-H2O2FS-TiO2 udowodnił doskonały potencjał zarówno zwiększenia fotokatalitycznej degradacji ścieków zawierających barwnik, jak i nieznacznej redukcji kosztów w praktyce.

7.2 Propozycje

Biorąc pod uwagę rozważania zawarte w poprzednich punktach konkluzji, można zalecić następujące tematy do dalszych badań:

(1) Zbadanie możliwości unieruchomienia innych fotokatalizatorów i utleniaczy jako AOP.

(2) Opracowanie innych niezawodnych środków kinetycznych do oznaczania zanieczyszczeń w degradacji fotokatalitycznej.

(3) Badania specyfiki i/lub selektywnego działania rodników hydroksylowych w mieszaninach związków organicznych w celu określenia zmian między- i wewnątrzosobowych.

(4) Rozwój nowych i czystych technologii.

Acknowledgments

Pragnę wyrazić szczególną wdzięczność następującym osobom, które w znacznym stopniu przyczyniły się do sukcesu tej pracy. Chen Jian i Hua Zhaozhe, za całą ciężką pracę, jaką włożyli w ten projekt, za ich cierpliwość, zachętę i użyteczne, niesamowicie błyszczące pomysły. Szczególne podziękowania dla profesora Du Guocheng za wskazówki i organizację seminariów w sposób, który okazał mi się bardzo przydatny przy pisaniu tej pracy. Fumihide Shiraishi na Wydziale Projektowania Bio-Systemów, Centrum Bio-Architektury, Uniwersytet Kyushu (Japonia) za jego życzliwą pomoc w zakresie materiałów unieruchamiających i lamp UV są również uznane. Wielkie podziękowania dla Liang Zhou, Richarda Hirsh'a i Li Jia za analizę techniczną. Moi koledzy z laboratorium, Weipo Yang i Yaxian Bao, zawsze byli tam, by mnie prowadzić, gdy ich potrzebowałem. Do Paula Endjala, który pośrednio uczestniczył w tym studium za swoją solidarność.

Specjalne podziękowania dla Szefa Studentów Zagranicznych ds. Akademickich Pani Qin Yan za jej cenne uwagi i Ambasadora H.E. Pana Hopelong Ipinge Ambasady Republiki Namibii w Warszawie. Brazylia dla moralnego wsparcia.

Wreszcie, do pana Abnera Shigwedha (ojca), pani Esther Shigwedha (matki), Pendapali Shigwedha (brata), Kaariny E. Shigwedha (siostry), Ilamo J. Shigwedha (brata) i Ndasilwohendy Shigwedha (siostry zmarłej) za ich miłość i wsparcie, które było najważniejszym czynnikiem motywującym w moim życiu. Moja wieczna miłość i szacunek, na zawsze.

"Z Wszechmogącym Bogiem, wszystko jest możliwe."

WYKAZ PUBLIKACJI

PEŁNE PAPIERY

(1) Shigwedha, N.; Hua, Z. i Chen, J.: Unieruchomienie TiO2 pozwala na obecność H2O2 na starcie i zwiększa fotodegradację Acid Yellow 36 (AY-36). J. Chem. Eng. Japonia. 39(2006)475-480.

(2) Shigwedha, N.; Hua, Z. i Chen, J.: Nowy fotonowy pomiar kinetyczny wywołany rozważaniem kinetyki par otworów elektronowych w fotodegradacji ścieków tekstylnych przy użyciu procesu UV-H2O2FS-TiO2. J. Environmental Sciences, 2007, w prasie.

(3) Shigwedha, N.; Hua, Z. i Chen, J.: Critical photonic time (CPT): a new primary process theory about decolorization of textile colours by UV-H2O2FS-TiO2. J. Chem. Eng. Japonia. w prasie.

(4) Shigwedha, N.; Hua, Z. i Chen, J.: Order of photocatalytic degradation as ranked by critical photonic times (CPTs) indicates the composition of organic dye mixtures: selectivity of hydroxyl radicals. J. Environ. Sci. Uzdrowienie. Część A, 2006, w prasie.

(5) Shigwedha, N.; Hua, Z. i Chen, J.: *Kinetyczne podejście do fotokatalitycznego odbarwiania barwników kwasowych.* Postęp w dziedzinie technologii zielonego utleniania/redukcji. AP-AWTGORT2006, Dalian Chiny, 2006, s. 65-70.

INNE PAPIERY

(1) Shigwedha, N.; Zhao, J. i Zhang, H.: Isolation of *Bifidobacterium* szczepy, które są odporne na działanie ludzkich kwasów żołądkowych i wysokich stężeń soli żółciowej. Postępowania 5. ICFST, tom 1, 2003, s. 12-16.

(2) Shigwedha, N.; Yang, Y.; Zhang, H. i Jia, L.: Screening szczepów *Bifidobacterium* z opornością na kwasy i sole żółci. J. Wuxi University of Light Industry. 23(2004)69-73.

PLAKATY I ABSTRAKTY

(1) Shigwedha, N. i Zhang, H.: Morfologiczna charakterystyka szczepów *Bifidobacterium* wyizolowanych z odchodów niemowląt i produktów farmaceutycznych. 5. ICFST, WuxiP.R. Chiny, 22-24 października 2003. (plakat i streszczenie)

(2) Shigwedha, N. i Zhang, H.: Izolacja szczepów *Bifidobacterium*, które są odporne na działanie ludzkich kwasów żołądkowych i wysokich stężeń soli żółciowej. The 5th ICFST Book of Abstracts, Wuxi, Chiny, 22-24 października 2003 r. (streszczenie)

BARWNIKI W PRZEMYŚLE WŁÓKIENNICZYM

Barwniki do wyrobów włókienniczych są zazwyczaj klasyfikowane zgodnie z zastosowaniem i zostaną odpowiednio opisane w niniejszej sekcji; jednakże ponieważ chromofor azowy jest najważniejszym pojedynczym chromoforem reprezentowanym we wszystkich klasach zastosowania barwników do wyrobów włókienniczych, chemicznie sklasyfikowana grupa barwników azowych zostanie również krótko opisana.

Barwniki azowe (Gregory, P.: Klasyfikacja barwników według struktury chemicznej. W Waring, D.R. , i Hallas, G.(Eds) Chemia i stosowanie barwników. Plenum Press, Nowy Jork, 1990) Barwniki te są najważniejszą klasą, stanowią ponad 50% wszystkich barwników komercyjnych. Barwniki azowe zawierają co najmniej jedną grupę azową (-N=N-) (monoazo), ale mogą zawierać dwie (disazo), trzy (trisazo), a rzadziej cztery grupy azowe (poliazo). Grupa azowa jest przywiązana do dwóch rodników, z których co najmniej jeden, ale zazwyczaj oba są aromatyczne.

$$X-N=N-Y$$

W barwnikach monoazo, które są najważniejszą grupą, rodnik *X* zawiera grupy akceptujące elektrony, a rodnik *Y* zawiera grupy donoszące elektrony, w szczególności grupy hydroksylowe i aminowe. Jeśli barwniki azowe zawierają tylko rodniki aromatyczne, są one znane jako karbocykliczne lub homocykliczne barwniki azowe. Jeśli zawierają one jeden lub więcej rodników heterocyklicznych, są one znane jako heterocykliczne barwniki azowe.

Klasyfikacja barwników zgodnie z zastosowaniem

Barwniki kwasowe (Burkinshaw, 1990)

Większość z tych barwników rozpuszcza się w wodzie, a ich rozpuszczalność wynika z obecności grup kwasu sulfonowego na barwniku, zwykle w postaci soli sodowej (-SO3Na). Barwniki te są nierozpuszczalne w kwasie, dlatego do barwienia stosuje się warunki kwaśne, aby uzyskać dobre nasycenie w barwieniu wełny i nylonu. Ogólnie rzecz biorąc, im niższe jest naturalne powinowactwo barwników do włókien, tym bardziej kwaśne są warunki barwienia i na odwrót. Chemikalia procesowe (środki pomocnicze w barwieniu), które są związane z barwieniem kwasów to kwas siarkowy, kwas octowy, siarczan sodu i środki powierzchniowo czynne.

Istnieje dziewięć klas chemicznych niemetalizowanego barwnika kwasowego, z których trzy są najważniejsze:

(1) *Azo.* Klasa ta stanowi zdecydowanie największą liczbę barwników kwasowych i obejmuje większość odcieni czerwonego, żółtego, pomarańczowego, brązowego i czarnego. Zakres

barwników sięga od stosunkowo prostych barwników monoazo, które na ogół mają niskie powinowactwo do wełny i nylonu, po barwniki o większej masie cząsteczkowej, do których wysokie powinowactwo wynika z obecności łańcuchów alkilowych.

(2) *Anthraquinoid*. Te kwaśne barwniki zapewniają szeroki zakres przeważnie jaskrawych błękitów, fioletów i zieleni oraz mają dobre właściwości wytrzymałościowe na włóknach wełnianych i nylonowych.

(3) *Triphenylmetan*. Barwniki te nadają wełnie i nylonowi jaskrawe fiołki, błękity i zielenienie o stosunkowo niskiej trwałości.

Barwniki azowe (Burkinshaw, 1990)

Barwnik azowy to nierozpuszczalny w wodzie związek azowy produkowany *in situ* we włóknach tekstylnych w wyniku oddziaływania składnika diazowego ze składnikiem sprzęgającym. Azotyki są stosowane głównie do barwienia włókien celulozowych, na których zapewniają szeroką gamę jasnych odcieni, z wyjątkiem zieleni i jaskrawego błękitu. Marynarka i czarni mogą być również osiągnięci dzięki barwieniu azowemu. Pomocnicze substancje chemiczne związane z barwieniem azowym to sole metali, formaldehyd, wodorotlenek sodu, azotan sodu i kwasy.

Barwniki podstawowe (Burkinshaw, 1990)

Są to amino i podstawione związki aminowe, które są rozpuszczalne w kwasie i stają się nierozpuszczalne po dodaniu zasady. Używane są do barwienia akryli lub mogą być stosowane z barwnikiem zaprawowym do barwienia wełny i bawełny. Pomocnicze substancje chemiczne związane z barwieniem podstawowym to kwas octowy i środki zmiękczające.

Barwniki bezpośrednie (Burkinshaw, 1990)

Barwniki bezpośrednie mogą barwić bawełnę i promieniowanie wiskozowe bezpośrednio z neutralnej kąpieli barwnikowej zawierającej chlorek sodu, co zmniejsza rozpuszczalność barwników. Barwniki bezpośrednie są stosunkowo niedrogie i zapewniają szeroką gamę odcieni. Charakteryzują się one jednak słabą wytrzymałością, zwłaszcza jeśli chodzi o mycie, właściwością, którą można poprawić po zabiegach. Pomocnicze substancje chemiczne związane z bezpośrednim barwieniem to: sole sodowe, środki utrwalające i sole metali (miedzi lub chromianów). Barwniki aktywowane włóknami w dużym stopniu zastąpiły bezpośrednie barwniki do barwienia bawełny. Barwniki bezpośrednie należą do kilku klas chemicznych; najważniejsze są następujące:

(1) *Azo*. Większość bezpośrednich barwników jest typu disazo, trisazo i poliazo.

(2) *Fthalocyanina*. Te jaskrawo niebieskie i turkusowe barwniki mają wysoką odporność na światło, ale niską odporność na mokre zabiegi na bawełnie.

(3) *Stilbene*. Jest to stosunkowo mała, ale ważna grupa barwników, głównie czerwonych, żółtych i pomarańczowych.

Barwniki dyspersyjne (Burkinshaw, 1990)

Barwnik dyspersyjny definiuje się jako barwnik w znacznym stopniu nierozpuszczalny w wodzie, posiadający powinowactwo materialne dla jednego lub więcej włókien hydrofobowych, na przykład octan celulozy, i zazwyczaj stosowany z drobnej dyspersji wodnej. Oprócz włókien octanowych, barwniki te są stosowane na włókna poliestrowe, poliamidowe i akrylowe. Pomocnicze substancje chemiczne związane z barwieniem rozproszonym to nośnik, wodorotlenek sodu i wodorosiarczyn sodu. Barwniki dyspersyjne należą do grup azowych, antrachinonowych, nitrodifenyloaminowych i styrylowych.

Barwniki reaktywne na włókno (Godefroy, S.: The structure and reactivity of reactive colours. W: Załącznik nr 2 do sprawozdania komitetu sterującego dla Komisji Badań Wodnych, projekt nr 456, Regionalne oczyszczanie ścieków tekstylnych i przemysłowych, 7 czerwca 1993 r.).

Barwniki reaktywne to barwniki zdolne do tworzenia wiązań kowalencyjnych pomiędzy cząsteczką barwnika a włóknem. Barwniki reaktywne z włóknami zostały opracowane dla wełny i poliamidu, ale głównym sukcesem w tej dziedzinie było zastosowanie do mieszanek bawełny i bawełny. Pomocnicze substancje chemiczne związane z barwieniem reaktywnym to chlorek sodu, wodorotlenek sodu i etylenodiamina. Struktura barwnika włóknisto-reaktywnego jest zasadniczo podzielona na dwie części - chromogen i układ reaktywny. Wygodnie jest rozważyć je oddzielnie, ponieważ wiele chromogenów jest wspólnych dla kilku zakresów barwników i tylko układy reaktywne różnią się od siebie. Układ reaktywny jest składnikiem barwnika, który wchodzi w reakcję z włóknem.

Systemy reaktywne można podzielić na:

(1) *Heterocykliczne systemy reaktywne.* Te heterocykliczne struktury pierścieniowe wszystkie zawierają atomy azotu i są zazwyczaj oparte na s-triazynę, pirymidynę i pirymazon struktury pierścieniowe.

Najczęściej stosowanym substytutem wymiennym jest chlor, ale sukces odniesiono w przypadku fluoru, amin czwartorzędowych i grup metylo-sulfonylowych. Te reaktywne układy reagują z zjonizowanymi grupami hydroksylowymi na podłożu celulozowym za pomocą nukleofilowego mechanizmu podstawiania. Do jonizacji włókna wymagane są warunki alkaliczne, dlatego też jony hydroksylowe są obecne i konkurują z jonizowaną celulozą jako odczynnikiem nukleofilnym. W wyniku tego powstają barwniki hydrolizowane, które nie mogą już reagować z włóknem celulozowym i odpowiadają za niski poziom wyczerpania osiągnięty w przypadku niektórych barwników reaktywnych.

(2) *Systemy reaktywne oparte na dodatku nukleofilnym.* Te reaktywne układy współdziałają z włóknem celulozowym za pomocą nukleofilnego mechanizmu addycji.

Chromofory używane do barwników reaktywnych są następujące:

(1) *Azo.* Można je podzielić na te barwniki, które mają aromatyczne rodniki oparte na strukturach pierścieni benzenowych i naftalenowych, które dają odcienie żółte, czerwone, niebieskie i zielone, oraz na te barwniki azowe, w których rodniki zawierają związki heterocykliczne. W przypadku stosowania heterocyklicznych środków sprzęgających w postaci indoli, pirazolonów i pirydonów uzyskuje się odcienie od żółtego do pomarańczowego, a w przypadku stosowania heterocyklicznych związków diazowych z siarką lub siarką i azotem uzyskuje się intensywne odcienie od niebieskiego do zielonego.

(2) *Anthrachinon.* Te barwniki dają jasne kolory z dobrą trwałością i są używane do silnych odcieni od niebieskiego do zielonego.

(3) *Fthalocyanina.* Używane są one do produkcji barwników turkusowych, które nie mogą być przygotowane z barwników azowych lub antrachinonowych.

Barwniki Mordant (Burkinshaw, 1990)

Termin "barwnik zaprawy" odnosi się do barwnika, który jest nakładany na włókno w połączeniu z zaprawą metaliczną (często chromową). Charakterystyczne jest, że barwniki zaprawowe zawierają grupy (np. -OH, -COOH), które są zdolne do tworzenia stabilnego kompleksu koordynacyjnego z jonem chromu wewnątrz włókna. Powstawanie tego kompleksu o dużej masie cząsteczkowej powoduje często drastyczny wzrost odporności barwienia na lekkie i mokre zabiegi. Barwniki Mordant dają szybkie, pełne, ale zazwyczaj nudne odcienie na wełnie i włóknach nylonowych. Pomocnicze substancje chemiczne związane z barwieniem zaprawy to chrom i inne sole metali, kwas octowy i siarczan sodu.

Następujące chromofory są powiązane z barwnikami zaprawowymi:

(1) *Azo.* Grupa ta, składająca się głównie z barwników monoazo, obejmuje większość barwników zaporowych oraz, poza jaskrawą zielenią, błękitami i fioletami, zapewnia pełną gamę odcieni na wełnie i nylonie. Charakteryzują się one bardzo wysoką odpornością na działanie światła i wilgoci.

(2) *Anthrachinon.* Dostarcza głównie niebieskie, czerwone i brązowe.

(3) *Triphenylmetan.* Zapewnia głównie jasne fiołki i błękity oraz charakteryzuje się umiarkowaną odpornością na lekką wełnę i nylon.

(4) *Xanthene.* Grupa ta wnosi bardzo małą ilość błyszczących, głównie czerwonych barwników.

Barwniki siarkowe (Burkinshaw, 1990)

Barwniki siarkowe stosowane są do barwienia włókien celulozowych w średnich i głębokich odcieniach zwykle matowego brązu, czerni, oliwki, błękitu, zieleni, bordo i khaki. Barwniki te są chemicznie złożone i w przeważającej części mają nieznaną strukturę, z których większość przygotowywana jest przez modyfikację różnych półproduktów aromatycznych. Pomocnicze substancje chemiczne związane z barwieniem siarką to siarczek sodu i inne sole oraz kwas octowy.

Barwniki kadziowe (Burkinshaw, 1990)

Są to barwniki nierozpuszczalne w wodzie, które zawierają co najmniej dwie sprzężone grupy karbonylowe, które umożliwiają przekształcenie barwnika, przy zastosowaniu redukcji w warunkach alkalicznych, w odpowiedni rozpuszczalny w wodzie zjonizowany *związek leuco.* To właśnie w tej formie barwnik jest adsorbowany przez podłoże. Późniejsze utlenianie związku leuko *in situ* regeneruje rodzicielski nierozpuszczalny barwnik kadziowy w obrębie włókna. Następnie barwiony materiał jest namydlany w celu uzyskania dokładnego odcienia i optymalnych właściwości wytrzymałościowych barwnika. Zasadniczym zastosowaniem barwników kadziowych jest barwienie włókien celulozowych, na których zapewniają one szeroką gamę barw, które na ogół charakteryzują się wyjątkową trwałością. Pomocnicze substancje chemiczne związane z barwieniem w kadziach to wodorotlenek sodu, wodorosiarczyn sodu i inne sole oraz środki powierzchniowo czynne. Klasy chemiczne barwników do kadzi można podzielić na Indigoid i Thioindigoid oraz Anthraquinone, który jest największą i najważniejszą klasą barwników do kadzi.

Printed by Books on Demand GmbH, Norderstedt / Germany